自然探秘系列

可怕的科学
HORRIBLE SCIENCE

雨林深处

BLOOMIN' RAINFORESTS

[英] 阿尼塔·加纳利／原著　[英] 迈克·菲利普斯／绘　阎庚／译

北京出版集团
北京少年儿童出版社

著作权合同登记号

图字:01-2009-4239

Text copyright © Anita Ganeri

Illustrations copyright © Mike phillips

Cover illustration © Tony De Saulles，2008

Cover illustration reproduced by permission of Scholastic Ltd.

图书在版编目（CIP）数据

雨林深处 /（英）加纳利（Ganeri, A.）原著；（英）菲利普斯（Phillips, M.）绘；阎庚译 . —2 版 . —北京：北京少年儿童出版社，2010. 1（2024.10重印）

（可怕的科学·自然探秘系列）

ISBN 978-7-5301-2354-6

Ⅰ.①雨… Ⅱ.①加… ②菲… ③阎… Ⅲ.①热带林：雨林—少年读物 Ⅳ.①S717-1-49②S718.54-49

中国版本图书馆 CIP 数据核字（2009）第 181518 号

可怕的科学·自然探秘系列

雨林深处

YULIN SHEN CHU

［英］阿尼塔·加纳利　原著

［英］迈克·菲利普斯　绘

阎　庚　译

*

北 京 出 版 集 团　出版
北 京 少 年 儿 童 出 版 社

（北京北三环中路6号）

邮政编码:100120

网　　址：www . bph . com . cn

北 京 少 年 儿 童 出 版 社 发 行

新 华 书 店 经 销

河北宝昌佳彩印刷有限公司印刷

*

787 毫米×1092 毫米　16 开本　8 印张　40 千字

2010 年 1 月第 2 版　2024 年 10 月第 51 次印刷

ISBN　978－7－5301－2354－6/N·142

定价：22.00 元

如有印装质量问题，由本社负责调换

质量监督电话：010－58572171

目 录

生机勃勃的热带雨林

首先请你快速回答一个问题：你们的地理老师是不是一个外星人？（警告：在回答这个问题前请你考虑清楚了，如果让你们的老师知道了，恐怕是要罚你多做家庭作业的哟。）

考虑一秒钟后，可能你还是不想作任何回答，那么你听清楚了：让你找出你们老师和外星人之间有什么差别确实很困难，因为他给你们的感觉可能跟外星人一样。他是否曾向你说过这样的话：

一个普通人应该这么表述这句话："在热带雨林里，你能看到大片的森林。"很显然，你们老师是很自负地说了一些让人听不懂的术语。但是你对这种古怪老师的要求也不要太高了，因为地理学对人类来说确实很复杂，对那些长着两个脑袋的外星人来说就更甭提了。但是你可以想象一下，如果老师确实是从外星球上来的，那么他到底会怎么看待人类生存的这个星球？现在就请你勾勒出这么一个场景：你正坐在与地球相隔遥远的一个叫"鸟团"的星球上……

1

今天的课程主要是讲述一个叫做"地球"的星球。观察一下这个奇怪的外星球上的风景，地球上的人把地图上的这些绿色区域叫做"热带雨林"。为了了解更多的"热带雨林"知识，请打开你们的地球数据库，找到最新的关于太阳系的报告……

什么？

"太阳系报告" 第四章5.1

星球年代：170361

学习内容：观察地球（地球人把这一活动叫做地理学）

学习对象：生机勃勃的热带雨林

相关背景：研究表明，热带雨林的气候属于湿热型，并且让人感觉很黏（地球语叫湿热）。

它主要是由无数特别高大的木质生命形态（地球人称之为树）组成的，森林只占了地球表面6％的区域，地球植物和动物有一半存在于热带雨林。请再仔细观察一下，我们还将作更多的讲解。

报告结论：在地球学校里，青少年们的热带雨林知识都是由一些成年人传授的，这些成年人被称为"地理老师"。地球上的人们为了建农庄、修公路，正在疯狂地砍伐热带雨林。

警告：这种行为是极不明智的。

（很显然，"鸟团"星球上的地理课跟地球上的地理课一样令人感到乏味。）

这本书也同样是全部关于热带雨林的知识。你知道吗？热带雨林特别潮湿，使人全身皮肤都处于湿气的浸润中，即使是冬天过去一半儿，人们仍然能够感到湿热，全身黏糊糊的。热带雨林比地球上任何一个地方都让人觉得可怕。在这本书里，你能做到以下事情：

▶ 与生活在最早的热带雨林中的恐龙共同进餐。

▶ 了解到为什么热带雨林中一些奇异的菌类夜里能够发光。

▶ 和热带雨林周边的土著人一起打猎。

▶ 和顶尖的植物学家*们一起去闻一闻发出臭袜子气味的花。

（* 指那些专门研究植物的古怪的科学家，这种称呼是对他们的尊称。）

　　本书会让你对大自然产生前所未有的兴趣，它所讲述的都是一些令人兴奋的知识。但是有一点你必须很清楚地认识到，热带雨林里不是只有漂亮的花朵和热带果树，不仅仅给人以美的感觉，那里面还到处充满了野性和危险。当你在热带丛林里欣赏外出觅食的美洲虎、大如鸟雀的花蝴蝶、状如盘子的毒蜘蛛和稀奇古怪的肉食植物时，你必须十分警惕，最好在后脑勺上也长出一双眼睛，否则就可能命丧丛林。

　　不管你在热带雨林里做什么，都不应该远离大路——在丛林里最容易迷路，也很容易死亡，这种可怕的事情可能降临到每个深入丛林的人身上，即使是研究雨林的专家有时也会犯错误，其中有一位叫珀西·福塞特的勇敢的探险家就曾经历过这种危险。有一天，他向着南美洲的热带雨林出发了，想去那里探险，但人们以后再也没有见过他了。你在接下来的一页中就可以读到这个真实的恐怖故事了。

迷失在丛林

英国伦敦，1906年

　　一位长着浓密胡子的年轻英俊的军官轻快地敲响了橡木门。

　　"进来。"屋里传来一阵清晰而沙哑的声音。军官推开门，向这个幽暗的房间里瞥了一眼，他看见了一张大桌子，桌上是一些肮脏的地图和书，堆得很高，桌后坐着一位表情严肃的男人。

　　"啊，福塞特，老朋友，很高兴见到你。"桌后这名男子说道，"我给你找了一份小小的工作，你以前去过玻利维亚吗，亲爱的？"

　　男子是英国皇家地理学会的主席，这个学会是一个专门绘制地图的社团组织，每年都要派遣很多探险者去世界各地进行测绘；到访者——这位年轻英俊的军官，人特别不错——叫珀西·福塞特。主席先生没有过多地向他解释为什么让他去，而真正的原因是这样的……

　　玻利维亚政府想要一张全国的最新地图，于是他们向皇家地理学会求助。珀西很勇敢、强壮，结实得如同老皮靴一样，除此之外他还是一个很棒的地图绘制员（这是对那些专门画地图的地理学家的尊称），于是他就被选中去玻利维亚完成这项任务。

　　对珀西来说，完成这项任务只有一个小小的问题。为了使自己绘制的地图十分精确，他需要穿越一些十分危险的地带，这些地方从来没有外来者进去过，当地人对陌生人也不友好。即使珀西能够侥幸摆脱这种危险，他也还是可能被一些致命的疾病杀死，或是被饥饿的美洲虎生吞活剥。总之一句话，珀西将成为一个生死不明的人，这对那些脆弱的、胆怯的人来说简直就是一项不可能完成的任务。

　　但是，勇敢的珀西既不是脆弱者也不是胆怯者，百分之百不是！他二话没说就接受了这项艰巨的任务。他没有为此担心，恰恰相反，而是为在有生之年能有这样一个冒险的机会而欢欣鼓舞。珀西于1867年出生在英格兰德文郡的海边，冒险是他的最爱。从少年时他就怀着一个梦想，期盼有朝一日能够出去闯世界，可惜直到19岁时他眼里看到的还只是灰暗的德文郡，一直没有机会往外走。后来，珀西在英国参军了，先后被派往斯里兰卡、爱尔兰和马耳他等地，但由于军队的生活十分枯燥乏味，他很快就厌倦了军旅生涯。对他来说，冒险才是自己梦寐以求的生活方式，现在他终于有机会实现自己的梦想了。

南美洲，1906—1914年

1906年6月，珀西来到了玻利维亚的拉巴斯，开始为他的冒险活动做准备。他到达的第一站是的的喀喀湖，这个湖位于山峦起伏的安第斯山脉上，海拔很高，只有一条石头路通往那里。高山上稀薄的空气使人呼吸十分困难，陡峭的山路常常让人没有立足之地。面对这样的困难，珀西灰心了吗？没有，他一点也不畏惧。这位英雄咬了咬牙，顽强地爬了上去。他不但走过了那条光滑的陡路，而且还见到了几条奔腾流入亚马孙河的支流的源头，并把它们详细地绘制成地图，完成这些后，他又去马托格罗索（紧邻巴西的亚马孙热带雨林的一部分）进行探险。

如果说走那些崎岖的山路还不算十分艰难，那么穿越马托格罗索热带雨林对他来说就是真正严峻的考验了。那里蚊虫叮咬，奇热无比，常年的潮湿气候真正给珀西和他的同伴们制造了不少麻烦。进入丛林不久，他们的衣服就全部湿透了，很快就开始发霉。每天他们都要砍掉纠缠在一起的绿色藤蔓和一些像蛇一样的匍匐植物，以开辟前进的道路。这些藤蔓像人腿一样粗细，而匍匐植物也会绞得人喘不过气来，砍掉这些东西往往累得他们精疲力竭。可以说，雨林里时时处处都充满着杀机。

　　他们还遭遇到了大蛇的袭击。一天，珀西和当地的向导正在一条河上悠闲地划着船，那是一个艳阳天，珀西正享受着这难得的快乐时光，十分轻松地吹着口哨，一切都显得和平而宁静。但是，这种和平和宁静很快就被打破了，他们忽然感到那条可怜的小船好像要被掀翻似的，原来他们遇到了一条特别巨大的蛇。这条蛇身躯庞大，丑陋的大脑袋伸出水面，身子盘成了一个巨大的圈，真能把人给吓死。

　　不幸的是，这不是一条普通蛇，而是一条森蚺（一种南美热带大蛇），它是世界上体型最大的蛇，它能够长到10米长，中间最粗部分直径可达1米，能够捕食鹿和山羊大小的猎物，并且食量大得惊人。捕食时通常是先用庞大的身躯把猎物缠起来，使猎物窒息而死，然后把猎物整个吞下去。

　　恶心啊，真是恶心，听起来就觉得恶心。那么我们的珀西是不是吓呆了呢？当然他吓傻了，但是这只是一瞬间，很快，他举起枪将这个令人作呕的家伙一枪击毙了。

像这样的惊险事远远不止这一件，有一次，珀西和他的团队还跟不友好的当地人交上火了。（双方打得不可开交，直到珀西拿出手风琴弹奏歌曲，对方才罢手，可能是他们从未见过这个玩意儿，被手风琴发出的奇妙声音吓傻了！）

他们还遭遇到了可怕的毛蜘蛛，被疯狂的吸血蝙蝠咬得半死，被一大群野牛困得难以脱身，其中还有一人在河中洗手时被水虎鱼咬断了手指。除了这些可怕的野生动物给他们制造麻烦外，他们的小船还被湍急的河水掀翻过，人也几乎被瀑布给冲走。

9

后来，食物也耗尽了，他们几乎被饿死。整整10天，他们只能吃一些发臭的蜂蜜和鸟蛋维持生命，直到他们拼死猎杀了一只鹿才得以活下来。这些被饿晕的人把这只鹿吃得一点也不剩，连皮也吞下肚了（他们的牙中肯定塞满了毛）。

直到1914年，绘图任务完成了，珀西才回到了英国。但是这位英雄没来得及休息片刻，就又投身到了第一次世界大战中。战争结束后，珀西由于表现英勇获得了一等功勋章，但他所在的军队却全军覆没了，这让他时常痛心不已。战争毕竟太可怕了，虽然雨林里可怕的野生动物和难以忘怀的饥饿感还时常让他后怕，但比起更可怕的战争，他还是十分渴望重返丛林。

巴西亚马孙热带雨林，1925年

1925年春天，珀西再次来到巴西。为了更好地了解这片神奇的土地，这期间他曾多次来到这片热带雨林中，但这次来是为了完善以前那张地图。多年以来，珀西一直梦想着看见一个有着金碧辉煌的建筑、熠熠生辉的雕像的城市，他曾在一个古老图书馆里读到过有关这个城市的传说，他把这个城市叫做"Z"，现在他想到巴西亲眼看一看这个城市。

但要找到这个城市还有一个麻烦，据说，这个城市被深深地掩埋在那片浓密阴森的热带雨林中部的地下深处，那里还从来没有外人涉足过。那么珀西找没找到那个失踪已久的城市呢？他是否在探寻古城的行动中丧生了呢？下面就是当时的报纸对于所发生的事作的一些报道。

7月 每日全球新闻 1925年

巴西马托格罗索，亚马孙热带雨林
勇敢的探险者仍未找到

人们对在雨林中失踪的英国勇敢探险家珀西·福塞特的关注之情与日俱增。福塞特现年58岁，人们最后一次看见他是在4月份，当时他和大儿子约翰以及另外一个朋友罗利·瑞梅尔一起深入丛林中探险，他们的目的是去寻找传说中失踪已久的金城，福塞特相信这座城市

徒步前进

植物使得骑马前行十分困难，所以他们选择了独自徒步前行，自己背上行李，不再要向导陪同。

福塞特和他的儿子

就在雨林的心脏地带。

5月，这位老人告别了给他做向导的当地人和用于驮人驮物的马，纵横交错的

向导们从福塞特那里带给他妻子一张便条，上面落款是"死亡马营"，便条上写着"你不必害怕任何失败"，此后他们就再也没有任何消息了。

虽然福塞特事前曾要求他的朋友们不要冒险去营救他，但人们还是计划尽快组成了一个搜救队，以便开展搜救工作。

11

正在瞭望

福塞特的一位挚友告诉记者："珀西自从开始探险以来就一直是这方面的专家，而且他身体十分强壮，他还特别擅长看地图，虽然以前也多次探险，但他从来没有走失过。如果说有人能够活着出来的话，那一定是我们的珀西。"我们衷心希望他的话能够成为现实。

令人伤心的是，种种迹象表明，这似乎是珀西的最后一次丛林之旅。搜救人员去了一组又一组，但每个人都是无功而返。不久后就有一些谣言开始传开了，让人分辨不清哪句是真哪句是假。珀西是已经命丧鳄鱼之口了吗？还是发高烧死了？他是不是没有希望再次出现在人们的视线中了？

等一下！我认为我们应该在这儿左转。

或者他已经找到了他梦想中的城市并且在那里幸福地生活着？这些都没法肯定，但有一点可以肯定，那就是没有人确切地知道他的消息，他的生死存亡成了一个谜。

几年以后，有一个人宣称他揭开了谜底，他说珀西被怀有敌意的土著人杀死了，而且他还有珀西的尸骨为证。真的是这样吗？

后来这些骨头被运送到英格兰供专家们检验，你们猜猜是个什么结果？最后专家们证实这些骨头是别人的而不是珀西的，那么可怜的珀西到底发生了什么事？直到今天也没有人真正弄明白。

所以，你都看到了，热带雨林真的是万分的危险，但同时也特别壮观迷人。那么这些危险之处到底有些什么？到哪里能找到一片热带雨林呢（如果你足够勇敢的话）？那里是不是真的有一大片茂密的丛林呢？雨林里各种咆哮声是不是比挨咬更可怕？如果你能认真翻阅本书，你就能找到所有这些问题的答案。

炎热潮湿的气候

如果你想知道热带雨林到底是个什么样，最好的办法就是找到一片热带雨林亲自去看一看，但是如果你的居住地附近没有热带雨林，那该怎么办呢？其实也容易，你为什么不试着做一下这个简单的实验呢？

进入卧室，把暖气开到最大。

然后把几堆枯树叶、小树枝和腐烂的菌类植物摊开，铺满整个地板。

取一些盆栽植物（橡胶类植物最好）放置在地上（最好找一些长势良好的高大植物以使它更像热带雨林的树）。

14

如果你觉得自己真的很勇敢的话，那么还可以在房间里放一把蜘蛛和各类昆虫，这些动物会让屋子看起来很有活力。

取一个洒水壶，把屋子里所有的东西都浇透，这样屋子里就会特别的湿热，就像在真的热带雨林里一样。

（好了，再运用一下你的想象力想象热带雨林会是个什么样子。）

最早的热带雨林

　　世界上最早的热带雨林大约生长于一亿五千万年以前（即使是你那迂腐的老师也没这么老吧），这片古老的森林里尽是一些松柏树，恐龙曾经以这些植物为食。令人吃惊的是，一些史前的树种，如"猴子难爬"树（又叫智利南美杉树，你可能在一些公园里见过这个树种），今天仍然在地球上存活着。这个树种之所以得了这么个名字，是因为那些特别机灵的猴子也不知道该怎样爬上那些长满像钉子一样的刺叶的树。

　　即使在气候温和的英国也有热带雨林。你不相信？可这是千真万确的，英国的植物学家们已经找到了一些花粉粒化石，这些花粉粒来自5000万年前的古代雨林树上（那时的气候可比现在要热多了），这些化石说明5000万年前的英国确实存在着热带雨林。

热带雨林小知识

　　"热带雨林"这个名称是由19世纪德国一位名叫艾尔弗雷德·辛伯尔的地理学家和植物学家命名的。他认为，既然这种森林如此湿润，那么"热带雨林"这一称呼就很合适。还有一些人把热带雨林叫做丛林，丛林一词实际上是来自于一个古老的印第安词汇，意思是不毛之地。话说到这儿，你是不是有些弄糊涂了，既然是不毛之地为什么又有那么多的树呢？告诉你吧，后来这个词的意思发生了变化，表示"一大丛热带植物和树"的意思，换句话说就是"生长旺盛的雨林"的意思。

热带雨林在什么地方？

嗨，我是芬。作为一个植物学家，我能够为植物发狂，而热带雨林正是我最喜欢研究的东西。如果你想看看热带雨林，得上哪儿去找它呢？让我告诉你，热带雨林的面积大约占了地球表面的6%，这相当于美国全国的面积。它们主要生长在三大区域：南美洲、非洲和东南亚地区，部分太平洋岛上也零星地生长着一些热带雨林，而一些澳大利亚人也宣称昆士兰岛有热带雨林。所以无论你想到哪个区域路途都不算近。这里有一张袖珍地图，它会告诉你热带雨林的位置。

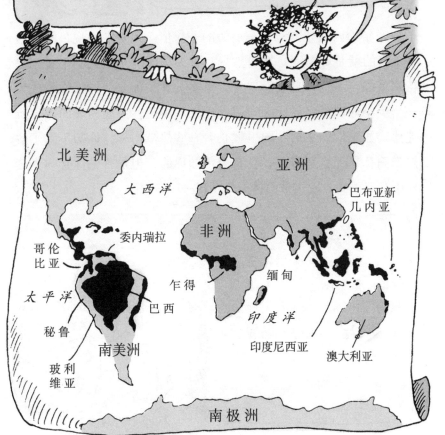

北美洲

大西洋

亚洲

巴布亚新几内亚

非洲

哥伦比亚

委内瑞拉

太平洋

乍得

缅甸

巴西

印度洋

秘鲁

南美洲

印度尼西亚

玻利维亚

澳大利亚

南极洲

17

你能认出热带雨林吗?

如果你要求地理学家描述一下热带雨林是什么样子,他会先给你讲一段古代历史,这时你千万别着急,且听他娓娓道来……

哎呀,讲热带雨林就讲热带雨林嘛,干吗讲这么多无聊的东西。其实,这一段话出自一位杰出的探险家克里斯托福·哥伦布

我从来没有仔细地看过这样一个美好的事物:大树美丽异常,郁郁葱葱,花儿和水果交相辉映,大小鸟儿们在甜美地歌唱着。

于1492年给西班牙国王和王后写的一封信。但是赏心悦目的东西并不真的就是好东西,在自然界,许多美丽的东西人们乍看觉得特别美好,而这只是表面现象,事实上并非如此。如果你想成为一个少年地理学家,你必须透过现象看本质,不能为表面现象所迷惑。如果你们家后花园里就长着一些热带树林,你却不太了解热带雨林,那也别着急,会有人帮助你的,但是首先你必须先读一下芬写下的一段热带雨林天气预报……

今天将会十分湿热,一大早天空万里无云,中午阴云密布,很可能会下雷阵雨。千万别打伞,因为不管怎样你都会湿透(要么被淋湿,要么被汗湿)。明天还跟今天差不多,后天、大后天、大大后天……

通过认识雨林奇特的天气，总共有三种辨认热带雨林的简单方法。总的说来，热带雨林具有以下特征：

气候又湿又热

热带雨林通常都十分炎热，不论你在一年的哪个季节去都是这样的。所以如果你想过一个下雪的白色圣诞节，你就必须无止境地等待，期待有一天热带变寒带。在热带雨林里，整年都是夏天，气温白天可达到30摄氏度，晚上也不见凉快，每天都如此。那么为什么热带雨林会这么炎热呢？这与热带雨林的生长地区有关，它们通常都位于赤道附近的热带地区（赤道是一条假想的围绕着地球的线，它把地球分成南北两个半球），热带地区通常太阳都是从头顶直射下来，所以太阳光照十分强烈。

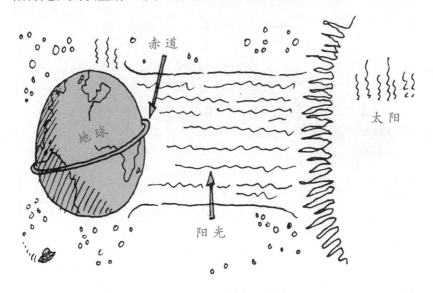

人们浑身湿透

如果你想去热带雨林，那么就请做好浑身湿透的心理准备，那里每天都要下瓢泼大雨，据地理学家统计，热带雨林每年的降雨量达到2000毫米。什么什么？太多了吧！为什么会下这么多雨呢？这一切都是因为热带雨林太靠近赤道了，所以经常会发生以下事情：

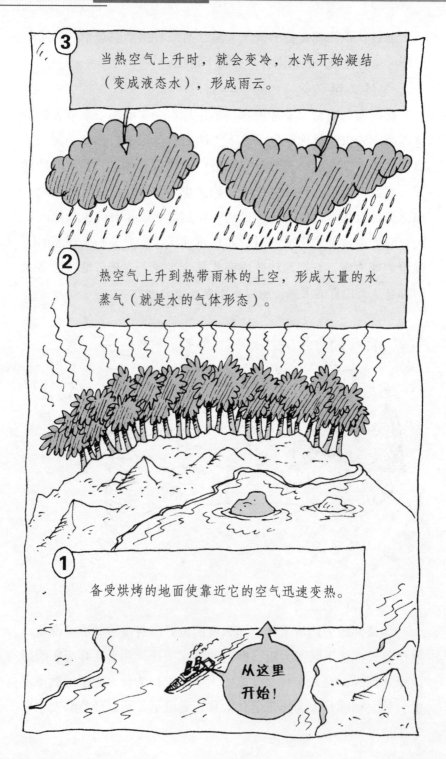

③ 当热空气上升时，就会变冷，水汽开始凝结（变成液态水），形成雨云。

② 热空气上升到热带雨林的上空，形成大量的水蒸气（就是水的气体形态）。

① 备受烘烤的地面使靠近它的空气迅速变热。

从这里开始！

而且由于热带雨林又湿又热，落在树上的雨很快就蒸发掉了（变成水蒸气），然后这些热空气就开始上升，形成云，云又变成雨滴落下来，然后再形成蒸汽，这样循环往复，永无休止。雨林的雨量特别大，下起来就像是从上面泼水下来一样，有时候一小时的降雨量就能达到60毫米，这个数字听起来并不惊人，但是你知道吗，这种雨下起来就像是把一满浴缸水从你的头上猛浇下来，你说大不大？而且每到下午，天空就开始变得阴沉沉的，乌云重叠密布，接着就伴随着电闪雷鸣，一场雷雨马上就来了。一旦雷雨降临，每个人浑身都会湿透了。

空气极度潮湿

热带雨林之所以会如此闷热，那是因为它的湿度特别大，"湿度"这个技术语言（简称术语）就是科学家们用来描述空气中水的含量的（空气中的水就是气态的水）。热空气的水含量比冷空气中的水的含量要大得多，所以你在雨林中会感到特别闷热也就不足为怪了，因为潮湿的空气会使你汗如雨下，衣服发绿霉变，从来就不会有特别干的时候。所以一旦你身处雨林，就会变得非常好看，身上总有一股好闻的味道（这当然是反话了）。

捉弄老师的损招

如果你的老师给你讲这些时让你觉得特别憋闷，有些喘不过气来，那么你可以试一下下边的借口，这样你就可以到教室外边休息一会儿了。你可以举起手来很有礼貌地说：

这样老师可能就会惊慌失措，你就可以出去了。为什么老师会让你出去呢？

答案

啊，亲爱的，你最好还是出去吧，我好怕哟，这病听起来挺厉害的。老师一定会这么想。可是你知道吗，这种病名其实是一种植物的学名，叫做湿生植物，它生长在特别潮湿的地方，比如说热带雨林。但是它并没有传染性，只不过你千万别感冒，因为感冒是有传染性的。

热带雨林小知识

　　如果你想穿越亚马孙热带雨林，即使你日夜兼程，至少也需要一个月的时间。亚马孙热带雨林是世界上最大的雨林，比其他雨林要大得多，它沿着南美洲的亚马孙河流域生长，面积大约有600万平方公里，相当于澳大利亚的国土面积，就热带雨林来说，这个面积已经相当大了。

这条路也不短！

这条路也不短！

雨林探险指南

　　你可能会认为，世界上所有的雨林都差不多，大同小异，但实际上雨林的种类很多。要想把各种雨林区分开来也确实很难，因为雨林之间相似之处太多了。最主要的是，所有雨林都是又湿又热，它们都有茂密的丛林，长得都郁郁葱葱，都很潮湿，里面都有很多可怕的野生动物和野生植物。那么到底怎么区分两个雨林呢？那得看它们生长在什么地方，下面就教你几种识别雨林的方法。

1

雨林名称：凹地雨林

生长位置：赤道附近海拔比较低的陆地。

森林特征：这种森林又湿又热，树种一般为特别高大的常绿树（也就是一年四季都是绿的），有的树干高达45米以上，有的被称为"突出高树"，甚至能够达到90米高。这些树的顶端形成一个厚密的枝叶顶棚，植物学家们把它叫做树冠。低地雨林里有很多动植物，很可怕的，是不是？

你会对这种雨林有一个很好的了解，因为本书的大部分内容讲的都是这种雨林。

2

雨林名称：山地雨林

生长位置：热带高山。

森林特征：这是一种山坡雨林，比凹地雨林要凉爽一些，而且上得越高气温越低。这种雨林阴冷潮湿，上空常有云层覆盖（因此这种雨林又叫云雾林）。

这种地方特别适合喜湿植物（要记住这种植物喜欢湿热气候）生长，如苔藓、地衣和蕨类植物，它们一般都生长在树丛底下。

3

雨林名称：红树林

生长位置：热带海洋沿岸。

森林特征：这种雨林实际上就是特别泥泞的沼泽地带，一些热带河流在此注入海洋，它因为盛产红树而得名。这种不同寻常的树根系特别长且盘根错节，因为当海水涨潮时，它必须牢牢地抓住地面的泥，这样才不至于被海水冲垮。有时树的根也会露出水面，就像是潜水艇的通气管伸到水面吸氧一样，树就是通过这种方式来呼吸的。你是不是觉得很有意思呢？

有一些珍稀鱼类常在泥上跳跃，你可能认为这些鱼是旱鱼，不需要水，的确如此，实际上它们就叫泥上跳跃者。世界上最大的红树林，位于印度和孟加拉共和国之间，沿着孟加拉湾绵延260公里。在那里你必须警惕孟加拉虎，它可是专门喜欢吃钓鱼人的哟。

4

雨林名称：水泽林

生长位置：热带河流堤坝沿岸。

森林特征：当江河堤坝决口时，洪水就会淹没它周围的森林。这种森林在水底下存活的时间长达几个月。水位有时高达15米，几乎能将所有的树都齐顶淹没，只有极个别特别高的树除外，这给栖息在森林中的鸟儿提供了一个避难之所，当它们的家被洪水淹没时，它们高高地站在这些树尖上，很安全。而对那些饥饿的森林鱼来说则是非常好的捕食时机，它们会游荡在树杈间，寻觅一些果实和种子来填饱肚子。

　　看完了这些介绍，你可能会说，这不都挺好的嘛，不是说森林都特别可怕吗？本书还要告诉你的是，森林中的那些树木不只是站在那里一动不动，还可能有别的一些举动，比如说能够移动。这并不是指你扛着树走动。如果你在林中穿行，最好带上一条狗，而且还必须十分机警。森林中常有大量的令人激动的树，它们能够像人一样走动。不相信？那么就请你继续阅读本书，这样你的看法就会改变的。

热带雨林中的植物

关于热带雨林你最深的印象应该是，丛林就是一片生机盎然的绿色，就像一个特别巨大的温室（注意是特别巨大），而森林中潮湿的空气尤其适合植物生长，特别是充足的降雨使得树木能够"喝"上大量的水。虽然这样，但你在那里却找不到西红柿和大丽花这类的植物，而这些植物在温室里却能够生长，这是因为，雨林中的果树与它们很不相同。那里有特别高大的树，有20个地理老师那么高，有发出腐败的陈旧乳酪臭味的花儿，有绞杀相邻植物的恶毒的藤木。这些听起来那么可怕，那么你有胆量靠近去看一看吗？如果你够勇敢，那么就让芬老师带你去转一转吧。

丛林里的秘密

现在我所在的位置就是丛林里面，浓密的树叶正环绕着我，如同天堂一般。在我带你参观以前，有几件事必须告诉你，第一就是，丛林里的树都是分层次生长的，它们高低错落，非常有序。我们就从最高层的树木开始参观，你可千万要跟紧我哟。

29

第一层：突出高树

　　我对高度不是很敏感，所以如果你有时候有些犯晕还请你多加原谅。参观时尽量别往下看，现在我已经到了这些高树中间，我说的高树就是高树，没有别的意思。它们的顶端达到了惊人的高度，距地面大约有60米，所以我现在讲的树都是指的这一类树。因为它们特别高，所以一旦刮起风来树就摇晃得特别厉害，有时候我看见它们晃动会害怕得喊救命。闪电也可以击倒它们。这些树还是那些身型特别巨大的鹰的栖身之所，这些鹰能够吃掉一只猴子，但在这里我们希望它们不要吃那些地理学家，特别是不要吃我。为防万一，我们还是先出去吧。

第二层：树冠层

　　树冠就像一个巨大的绿伞撑在森林的上空，顶端是厚约6米的特别茂盛的叶子，给人的感觉是既好看又温暖。虽然我已经全身湿透，但这种条件对森林里除我之外的其他动植物来说却是一个非常舒适的家，大约有2/3的动植物都生长在这个树冠之中，可以这样说，这个地方显得有些拥挤。现在让我们到离地面更近一些的地方去参观一下。

第三层：下木层

　　这一层都是一些小树种，比如纺锤形棕榈树，它们一般不会对像我这样的地理学家造成什么伤害，所以我不必左躲右闪的。它们最适合在一些沟里生长，这些大树死后或被风吹倒后形成的坑就成为它们温暖的家，因为它们在这里能够吸收到阳光。这种树一般都能长到15米高，经常被一些藤本植物和蔓草所缠绕，猴子猩猩们很喜欢这种环境，因为它们能够在这里荡来荡去。哎哎……哎哟！！

第四层：森林地被层

哎呀，路有些崎岖不平，我摔倒了，谢天谢地，没摔坏。到下面一看，真是黑糊糊的一片，这里除了那些特别爱黑怕亮的植物如苔藓、地衣、蕨类植物，什么都长不起来（练摔跤跌倒是挺合适的）。这里的地面堆满了落叶，是千足虫和其他一些小昆虫绝好的藏身之所（我跟没跟你说过我特别怕昆虫？其实我是一个……）。当你在这里行走时，一定要注意看着脚底下，有一些东西看起来就像是不会伤人的树枝，但其实它是一条毒蛇，哎呀，真可怕！

这就是植物学家们所说的蘑菇、霉菌和毒蕈。

关于健康的严重警告

在经历了一天的丛林之行后，你脱下袜子，被眼前的景象惊呆了：你的脚指头上沾满了泥巴，并且已经长霉变绿了。但是你不用惊慌失措，在热带雨林里，这种情况很快就会过去。这种令人作呕的绿霉实际上是一种菌类，它可以从地面蚕食那些落叶和动物的尸体，当然也可以吃掉有臭味的脚。这种贪婪的细菌靠从食物中吸取一些有用的化学物质生活，它们死后也会腐烂，它们中的化学物质于是就进入了土壤，这些进入土壤的化学物质对树木的生长是很有好处的。所以，为了解决你的脚指头问题，你必须把脚晾干，但要做到这点，可比光用嘴说要难多了。

八个有关树类植物的事实

有一点必须告诉你，热带雨林植物不会在干净整洁的地方生长，不像你爸爸在花坛里养的那些玫瑰花。这些植物都是绿色的，身份卑贱，只适合长在那些不干净的地方，而且很有危险性，它们像疯了一样四处蔓延……

1. 热带雨林里有多少棵树？答案是几百万棵，如果你把它们数完，恐怕得花上几年的时间，而且你很难找到两棵完全一样的树，在足球场那么大的一小块地方，就有大约200种不同的树，这个数听起来并不是很大，但是如果你到温带森林（这些森林位于较冷地带）里去数一数，在同样大的地方如果能够找到10种不同的树就已经算是很幸运了。

2. 世界上最高的树有多高？答案是特别特别高。为了防止这些高大的树在刮风时被吹倒，这些树一般都有特别巨大的根系，把它们那伟岸的身躯固定在地面上，这些根系有点像固定帐篷的绳子，有的根系长达5米（这能固定多么巨大的一个帐篷啊）。

3. 一些植物自己不能够接触到阳光。因此它不得不依附于另外一棵植物，比如，藤本植物枝繁叶茂，有的比人的腿还粗，它能够长到200米长，而且十分结实，用它荡秋千绝对不会出任何问题（你看过《人猿泰山》这部老片吗？这里头就有这种场面）。一根小的藤本植物跟普通植物一样，根系都在土壤里，当它成长时，它会缠住相邻的一棵树盘旋而上，随着树一天天长高长大，藤蔓也会随之长高长大，这样它就能借助于树吸收到阳光，就这么简单。

4. 为了获得充足的阳光，雨林里的树必须长得足够高大。获得阳光并不是为了晒得更黑，有一身健康的肤色，因为你知道，植物们如果感到饥饿，它不会像人类一样跑到商场里买些吃的，而是只能自己给自己做一些快餐，这就需要太阳来帮忙了。下面讲的就是它们如何"吃饭"……

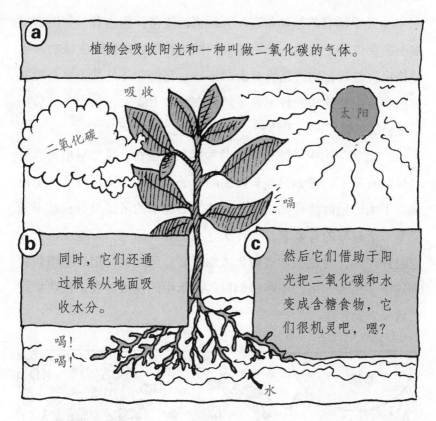

5. 当一棵树倒下时，会对森林里的地面植物造成很大破坏，它们会被压得扁平。但这并不能阻碍它们繁殖，这些聪明的植物又会长出像脚一样的根系，然后从这混乱的现场中走开。呀，对了，这种植物你是不是可以带出去散步呀，因为它可以走嘛。

6. 几乎所有的植物都离不开地面的支持，但也有一些植物根本不需要依附于地面，植物学家们把这种植物叫做附生植物，这种植物就是长在别的植物身上的植物，它们在还是种子形态时就被风吹走或是随鸟粪掉下来，然后在树枝上安家，长大一点后根系就会摇摇晃晃地向下伸长，从潮湿的空气中吸收水分。

7. 著名的附生植物包括洋兰和凤梨科植物，凤梨科植物当然与凤梨有关了，它们有着长而尖的叶子，这些叶子形成了一个吊桶，下雨时里面就会盛满雨水，这个盛满水的吊桶对森林蛙来说就是一个极好的育婴室。为什么这么说呢？原来，母蛙经常会在它附近产卵，当这些卵被孵化成蝌蚪时，母蛙就会把这些蝌蚪背到这个"吊桶"里，小蝌蚪们以落入水中的昆虫为食，很快就能长成一个大青蛙。

8. 热带雨林中植物间对阳光的争夺是十分激烈的，所以有一些植物在争斗中有时会使用"暗器"。就拿那阴险卑鄙的榕树来说吧，这个小人通过攀高枝能到很高的地方，然后把自己紧紧地缠绕在树干上，与此同时，它的根系还深入到土壤中，偷取树的

水分，慢慢地它就把树完全缠上了，"霸占"了本应属于那棵树的阳光，后来树就会死掉，腐烂掉，只把那个可恶的榕树根留在了它的身后。

让树开花结果

这里所说的花是指热带雨林中的花。并不是雨林中所有的花都像榕树那样卑鄙龌龊，实际上，有很多花漂亮甜美得让人受不了，这美丽的外观并不仅仅是用来欣赏的，主要是为了吸引鸟儿和其他一些动物来给自己授粉★。

★ 授粉是花儿形成果实必经的过程。花朵中通常都有一些黄色的粉，这叫花粉。这些花粉需要被传给同类植物的另外一些花朵，花粉传递的过程就叫授粉。许多雨林花都通过动物把花粉从一种植物身上运送到另一种植物身上，授粉后植物就会结出果实，并且长出新的植物。所以，授粉是非常非常重要的，如果没有这个过程，根本就不会有如此生机盎然的热带雨林，这也就是花有时候很讨厌的原因，因为有些人对花粉过敏，会很不舒服。

　　要想动物们为花授粉，花必须首先吸引这些动物的注意力，这就要求花看起来非常漂亮，不但外观漂亮，而且要很香。那么你可能要问了，动物们凭什么要给花儿授粉呢？原来，它们通过给花儿授粉能够吃到美味的花蜜，这些花蜜就是花儿们自己制造出来的。

　　动物们也不会只光顾那些老花，它们其实是很挑剔的，很多花都只能由特定的动物来授粉，那么，如果你是一只饥饿的蜂鸟，你会选择下面三种花中的哪一种来授粉呢？

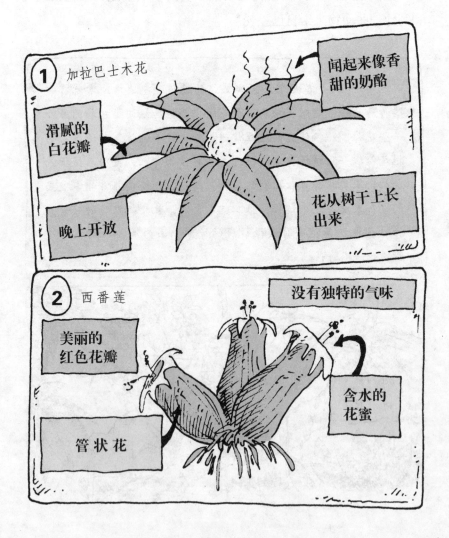

① 加拉巴士木花

闻起来像香甜的奶酪

滑腻的白花瓣

晚上开放

花从树干上长出来

② 西番莲

没有独特的气味

美丽的红色花瓣

含水的花蜜

管状花

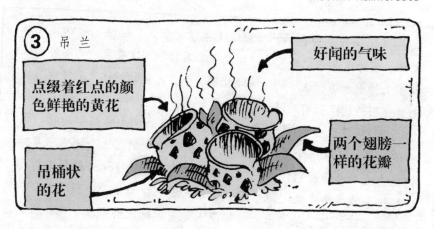

③ 吊兰

点缀着红点的颜色鲜艳的黄花

好闻的气味

吊桶状的花

两个翅膀一样的花瓣

答案

　　选择2。这样的花和蜂鸟才配得上。鸟儿们的视力一般都很好，它们喜欢鲜艳的颜色，但却几乎闻不到任何气味，所以没有必要要求花儿必须有很强烈的气味。蜂鸟有一副长嘴，能够伸入到花的深处，这样它就喝到花里的花蜜。在它喝花蜜时，花粉就粘在了它的脑袋上。

　　顺便说一句，蜂鸟虽然个头很小（有些只有蜜蜂那么大），但是它的胃口却比较大。如果拿你打个比方，这就好像在说为了保证身体里有充足的能量，你虽然个头不大，但你一天必须吃130个小面包，天啊，真不可思议！

　　要是你不相信这个答案怎么办？那么就告诉你另外两个答案。最适合给第1种花授粉的是蝙蝠，蝙蝠是夜行动物（意思就是说它白天睡觉晚上活动），而这种花刚好是在夜间开。

39

又因为花是白色的，所以晚上很容易看见。蝙蝠之所以喜欢奶酪味，因为这是它们的天性。蝙蝠很容易接触到这些花，是因为花从树干上伸出来了，这样的话蝙蝠就不需要在尖尖的树枝上不停地扇动翅膀，因为树干上有足够的空间让它停留。

第3种花适合蜜蜂授粉，因为蜜蜂们喜欢闻香味浓郁的花。这种花的花瓣就像一个多斑的路标，指引着蜜蜂们在上面歇脚。蜜蜂们努力地扇动翅膀想停在花瓣边缘，但是这个边缘十分脆弱光滑，蜜蜂根本找不着立足之地，而且还差点摔倒，由于"吊桶"上有很多水，蜜蜂溅起了很多水珠。那是不是蜜蜂就没有办法了呢？当然有，但却不太容易。这只大惑不解的蜜蜂不得不强迫自己通过花里面的一个狭窄的通道，直到它的后背粘上了两大块花粉，它才出来。哎，还真不容易啊！

想谋生是多么不容易啊……

拿着花跟他说

不知你有没有注意到，花有时候会对人产生奇怪的影响，甚至可能让地理老师们热泪盈眶。虽然地理课程十分枯燥乏味，但其实你是很想把它学好的。可是你既然有这个想法，为什么不跟地理老师说呢？难怪他以前老是责备你。所以，你最好还是送给老师一捧花，然后把你的真实想法告诉他。对了，用这些比较奇特的花就可以，因为它们本来就不是用来闻的，而是用来表达一种心意的。那么送什么花才能让你的老师不再生你的气呢？你不妨走进弗莱尔阿姨开的这家怪花店看一看，听一听她的介绍。

欢迎你来我的花店参观，小可爱。我这里有适用于各种场合、各种用途的花，包括一些特别臭的花。下面我向你介绍一下我最喜欢的四种花。

花名：**大王花**
产地：**印度尼西亚苏门答腊岛婆罗洲**

外观：
花色为赭石色，较大，像一个书包，花瓣像皮质，上有许多疣状点。它是世界上最大的花，花径可达1米。

特征：

1. 这种花一般生长在森林藤蔓植物根的内部，并且靠汲取树浆为生。

2. 它还有一个非常知名的名称叫做"尸臭百合"，因为它散发的气味就像腐尸的恶臭，真是恶心死了。

3. 这种恶臭常常吸引大量的苍蝇过来给它授粉，因为这些苍蝇把花当成了腐尸，于是就过来吃美餐了。天啊，真是不可想象。

如果你想给老师献一束花，然后把心里话告诉他，假如我是你，我就选一束玫瑰花，如果你是送给你特别不喜欢的人，那就随便了。我的意思是说，老师如果见你送花给他并且告诉他你很想学好地理，那么他以后就不会再责备你了。

花名：
地毯海芋

产地：印度尼西亚苏门
答腊岛

外观：

花形像大钉，单束花可长高到3米，花呈绿色，上有白色斑点，看起来就像穿上了一件大的蕾丝花边裙，挺好看的。

特征：

1. 气味像烂鱼味夹杂着烧过的太妃糖味，苍蝇特别喜欢闻这种气味。

2. 7年才开一次花，花开几天后就会死掉，这会令你生出许多感慨。

3. 这种花曾经在伦敦的克佑花园展出过，有几名女士在看花过程中当场晕倒，被熏晕的。

这种花在展出前，两个人费了很大劲才把它摆上展台，你可以想象当时那两人找适合它的花盆时的情景。如果你有这种花，那就随便你放在哪儿了，因为那是你自己的，别人管不着。

花名：热带鬼笔菌

产地：南美洲

外观：

像一个长的黏糊糊的钉子，上有白色的蕾丝状的菌。

特征：

1. 这种古怪的菌类确实跟它的名字很相称，它能够发出烂肉味，闻起来像厕所的气味。

2. 森林里的苍蝇成群结队地飞到这个令人作呕的黏物上吃食，身上沾满了孢子（一种小斑点，这种菌就是由这些小斑点长成的）。

3. 有一些雨林菌夜里会发光，但是发光原因连专家们至今也不知道，可能是一些喜欢在晚上过来吃菌的甲壳虫发光所致。

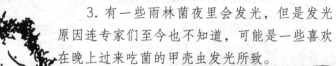
这种花看起来很漂亮，是过生日和圣诞节时最好的选择。（你信吗？）如果你想要你的房子闻起来像个化粪池，并且吸引来大量的苍蝇，这个东西一定能够让你如愿。

43

花名：**瓶子草**
产地：非洲、东南亚、南美
洲和澳大利亚

特征：

1. 有一只昆虫停在这个"瓶子"的边缘，想找一些可口的甘露来喝，但却只找到一些令人恶心的东西。它在"瓶子"光滑的表面滑了滑，然后掉进了瓶中，就再也没有出来。因为这种植物能分泌出一些黏液将昆虫的身体溶化，然后吸收昆虫的营养。

2. 有一些瓶子草像喇叭、香槟酒杯和灯笼，更有一些植物长得像马桶，像一个盖着盖儿的马桶。

3. 最大的瓶子草是拉甲桶，这种臭花能够装一满桶水，能够捕食像鼠一样大小的动物。

哎，真是不识庐山真面目，只缘身在此山中，不了解这种东西的人还觉得它挺漂亮。可是萝卜青菜，各有所爱，也许瓶子草还真是你的最爱，那也是没办法的事。但是你别忘了，你还得养上大量的苍蝇，这样，你那些像鬼一样的花儿才有食物吃。

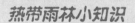

热带雨林小知识

　　榴莲果也有一股臭鱼味儿，但吃起来味道却不错，猩猩们特别爱吃，爱吃榴莲里像鸡蛋牛乳一样的果肉。爱吃到什么份儿上你知道吗？它们把脸埋进榴莲里就出不来了，吃过后就拉屎，榴莲籽随之而出（跟长辈们吃饭喝茶时你可不要说这些恶心的细节，当心他们骂死你）。

厕所

　　猩猩拉出的屎对于榴莲树的扩张可大有好处，因为屎里有籽，也就等于猩猩们所拉之处都种下了榴莲树的种子，这些种子还能够生根发芽，而且由于这些籽在粪中，也就拥有了天然肥料，想长得不大不壮都不行。

不体面的种子

　　你可能一直都认为，花子儿对人无害，它们只是静静地躺在泥土中，默默地生长着，碍不着人的事，从来不知道花子儿还有什么不好的名声。但是，不管你相信不相信，有些花子儿的名声还确确实实不怎么好，这种有问题的花子儿就是橡胶树子。继续读下去，你会看到一个让你震惊的故事。

关于橡胶树的新发现

　　橡胶树原产于南美洲的热带雨林，学名叫巴西橡胶树。你所用的橡皮擦实际上就是那些乳白色的橡树汁做成的，或者说

45

是用乳胶制成的，当你用刀把树皮割开一个口子时，乳胶就会流出来。

乳胶可是特别有用的东西，有了它就可以做成很多东西，如汽车轮胎、橡皮筋等。当你做地理作业的时候，你还可以用它擦去你的错误，而且，橡胶树特别容易生长繁殖，价格非常低廉。难怪人类都把橡胶当做快速致富的宝贝，还真有它的道理。

世界上第一个发现野生橡胶树的人是法国的一位探险家和科学家，名叫查尔斯·马力·德·拉·康德麦（1701—1774）（当然当地人早就知道这种树了，他们用它来制造弹球，并且把乳胶刷在船上防水）。

46

1743年，查尔斯乘坐一只筏子沿着亚马孙河航行，把他的冒险经历写成了一本书。在他的书中，记载了他们第一次接触电鳗鱼时被电击的痛苦感觉，还记载了第一次看见橡胶树的内容。他用橡胶给自己做了一个背包，并且还带了一些作为纪念品送给了别人。

德·拉·康德麦发现橡胶树的消息后来传到了欧洲，引起了一阵不小的骚动。你知道，橡胶除了弹性很好外，它的防潮功能也很强大，曾有一位叫查尔斯·麦金托西的苏格兰科学家用橡胶制作了很多长统靴、雨衣和防水布。接着又有一个叫做查尔斯·古德伊尔的美国发明家在汽车问世后，找到了一种把橡胶做成汽车轮胎的方法，随后人们对橡胶的开发利用就一发不可收拾，橡胶很快就在全世界流行起来。但是有一个麻烦，那就是它仅仅生长在遥远的巴西，被一些富有的商人（他们被称为橡胶大王）控制着，毫无疑问他们会利用它赚很多钱。

英国有一个名叫亨利·威罕的年轻植物学家（1845—1928）很快就打破了那些橡胶大王对橡胶的垄断地位。1876年，英国政府雇他从巴西偷一些橡胶树种子回来，他愉快地接受了任务，因为他当时没有别的事可以做。

他总共搜集到了70 000粒橡胶树子,并把它们小心地用香蕉叶子包好装在一个箱子里,然后雇了一艘船,把这些贵重的货物运回英国。

如果有人盘问他,亨利就说这是为在英国皇家植物园弄的一些种子,如果不这样说的话,巴西官方是不会让他带着这些非法物品离开的。幸运的是,官方相信了他的话,他和橡胶树种子安全地回家了。回到英国后,大约有7000颗种子发芽长成了小树。这些小树又被运到斯里兰卡和马来西亚,种在了那里的大林场,几年之内,就形成了几百万棵橡胶树的规模,每年都产出几百万吨廉价的橡胶。那些巴西大老板从此就没落了。

　　至于亨利，他获得了700英镑的报酬，并且被封了爵。但是围绕这些偷来的种子的议论却从来没有停止过，有人说他为祖国干了一件大好事，也有人控告他说他是一个偷盗植物的大盗窃犯。不管怎么说，如今，这种偷盗植物的行为是被世界各国禁止的。由于不能忍受这些议论的困扰，亨利最后移民到澳大利亚，以种植烟草和咖啡为生，最终在一次不成功的交易中破产了。可怜的亨利从此一蹶不振，再也没有恢复元气。

　　热带雨林中不仅仅只有植物。有一个问题问你：你知不知道被人监视是个什么滋味？其实你现在就在被监视。如果你有胆量，那么我再带你去见一些非常阴暗的角色。

躲在阴暗角落里的角色

先听我描述一下背景，现在是在雨林中一个下午，约三四点钟的样子，你老是感觉怪怪的，总觉得有人监视你。其实周围除了孤独的蜥蜴，就再也没有别人了，真是挺怪的。其实世界上很多动物都生活在这个热带雨林里，但是它们现在都到哪儿去了呢？我告诉你吧，它们都还在森林里，只不过你看不见它们而已，真的是这样。原因是这些阴暗角落里的角色中很多都是夜行动物，也就是说它们白天睡觉，到了傍晚时分，它们就纷纷出去，为晚上找食做准备（另外一些动物白天出动晚上休息，这样轮流找食能够保证地面上总有充足的食物）。还有一些只是很害羞，所以当这些动物就在你周围时，你必须用各种不同的方法把它们找出来。这里有一点必须明白，那就是森林中绝大部分动物个子都不大，也不是长毛的四脚兽，而是一些昆虫和其他种类的虫子。

专门研究昆虫的科学家叫昆虫学家，这一称谓是从一个表示"分开"的古希腊词汇得来的，这是因为，昆虫的身体看起来好像都是被分成三截的。那你猜猜昆虫学家们是怎么找昆虫的呢？不管怎么样，我还是喜欢花儿，光是讲这些关于昆虫的知识我都很害怕，更不要说接触昆虫了。

爬进你裤子里的蚂蚁

在公园里掀开一块长满青苔的石头，你准会看见一些可怕的虫子在那里乱转；往一个黑暗的角落或是裂缝看去，你肯定会发现一只蜘蛛。但是你知道在地球上什么地方能够找到更多的昆虫吗？对了，就是在热带雨林里，在那里你摇动任何一棵树，可能就有1500种不同种类的昆虫拍着翅膀飞出来，这可是真的哟。

昆虫学家们在热带雨林里已经找到了100万种昆虫，而实际上雨林里的昆虫可能有好几百万种。虽然大多数昆虫都很小，但却能在森林里唱大戏。现在就让我们从蚂蚁开始讲吧。

1. 一个热带雨林里到底有多少种蚂蚁？答案是大约50种。这个数听起来一点也不会让人觉得很多，可是你如果找遍整个英国你也只能发现50种蚂蚁。依靠几百万棵森林大树进行繁殖，蚂蚁的数量多得惊人，科学家们认为仅是蚂蚁的数量就占了森林动物总数的1/3，而且它们分布极广，从树里到你的裤子里，什么地方都可能有它们的身影，你可得小心，别让它们给咬了。

2. 南美切叶蚁的个头非常小，但力量却极大，它们能够举起比它们的身体重50倍的叶子，这就相当于一个人能够举起一头大象，这么说你就知道蚂蚁的力量有多大了吧。

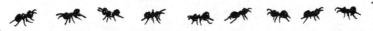

3. 南美切叶蚁总是先把树叶切割开，把切开的树叶分别运回到它们的地下巢穴里，再把这些树叶弄碎，然后与粪便和唾液相混合，形成一层很厚的肥料。它们会在这层肥料上面种一些菌类供自己食用。那种热衷于美化家庭的蚂蚁则会使自己家的花园非常干净整洁，决不会留一丝杂物在里面。

4. 裁缝蚁能够用丝把树叶缝在一起，给自己筑一个温馨的小窝。做裁缝活时它们不需要针线，而是用自己的幼蚁，通过自己穿梭于两片叶子之间把叶子缝起来。

这真让我头疼！

用自己的幼蚁怎么缝？原来，成年蚂蚁会轻轻地挤压幼蚁，这样就会有丝从幼蚁的嘴里吐出来。哎，谢天谢地，你的父母不会这么对你，否则你也看不到这本书了。

5. 有一些植物会在自己的树干和叶子里养一些宠物蚁，阿兹特克蚁就生活在喇叭树的树干里，它们会在家里储存一些很小的昆虫，靠吃这些昆虫造出来的糖汁过生活，所以它们的生活是非常轻松惬意的，而且还十分安全。可是这些蚂蚁为什么要住在树干里呢？这是因为它们不会蜇人，但会咬人，而且把人咬得很疼。当有人靠近树屋时它们就会狠劲地咬人，然后向伤口处喷射一些酸液还击那些试图攻击它们的人。

6. 如果你觉得这些可怕的蚂蚁有点令你毛骨悚然，那你就错了，还有更可怕的呢。在南美洲的热带雨林里有一种比上面那种更可恶的行军蚁，它会让人终生痛苦。这种凶恶的动物从不单独行动。

行军蚁总是成群结队地出动，每一个群体至少都有2000万只蚂蚁。它们穿越森林，将所经之处的东西全部吃光，它们杀青蛙，灭大蛇，甚至啃飞鸟，只留下一堆阴森的白骨。这才真叫人毛骨悚然呢！但同时，这种蚂蚁还非常有用，它们能够帮助人们灭掉蟑螂和其他一些害虫。那人会不会被吃掉呢？别担心，人多聪明啊，他们会有办法解决这个问题的。

行了，别老在背后讲话，准备好了吗？快点走吧！

热带雨林小知识

如果你特别害怕那些有毛的大蜘蛛，那么你可以跳过这节不看，但我必须继续讲我的知识。

世界上最大最毛的蜘蛛就生活在亚马孙热带雨林中，叫做食鸟蜘蛛。它的个头特别大，连那些毛茸茸的腿在内，每只都有一个盘子那么大。而且它们的吃食习惯特别可怕，它们会突然袭击飞过的鸟儿，用它们的毒嘴狠狠地将鸟咬死。哎呀，不讲了，太恶心了，恶心！

菜谱鸟

甲壳虫狂——华莱士和贝兹的亚马孙探险之旅

快看看这个美人。

啧啧啧！

人们对虫子有着很不相同的态度，一些人甚至看都不敢看一眼，而另一些人则认为它们非常迷人，真的，什么人都有。英国就有两个科学家，一个叫阿尔弗莱德·华莱士（1823—1913），另一个叫亨利·瓦特·贝兹（1825—1892），他们喜欢甲壳虫到了疯狂的地步。

华莱士和贝兹刚开始并不是著名的科学家，连科学家都不是。阿尔弗莱德曾经是一位老师，在他上学时他最喜欢的是生物学（顺便说一下，他特别讨厌可怕的地理学，所以他花大半生的时间环游世界是一件很奇怪的事），后来他读了一本关于植物学的书，这本书改变了他的人生，从那时起，他几乎把所有的业余时间都花在农村，在那里考察植物，绘制各种植物图形，并且还收集了一些干花，那些花相当漂亮，难怪他的兄弟把他叫花痴，但是绿手指（指善于种植花草蔬菜的人）的阿尔弗莱德一点都不在乎，不管别人怎么想，他始终坚持走自己的路。

本来阿尔弗莱德可以在他有生之年一直做他的干花，但是一次偶然的机会，他在当地一家图书馆里遇到了亨利·瓦特·贝兹，又使他改变了生活方式。贝兹是一个兼职昆虫学家，一直没有什么大成就，所以只好在当地一家啤酒厂打工维持生计。早上他得把厂子里所有的地都扫干净，午饭后才开始寻找研究甲虫。两人相见恨晚，很是投缘，很快成了好朋友。没过多久，花痴阿尔弗莱德也深深地迷上了昆虫。

但是在英国搜集昆虫很不容易，于是两人商量把网撒得更大些。他们在另一家图书馆里阅读了关于亚马孙热带雨林的书，这本书把亚马孙雨林叫做"世界花园"，那里能够找到很多昆虫新品种。于是他们决定向那里进军，两人为此都特别兴奋。

华莱士和贝兹乘坐一艘叫做"恶作剧"的货船，历时一个月，于1848年5月来到巴西的贝伦，两人站在明媚的热带阳光下，有些睁不开眼。看起来他们都不像是勇敢的探险家，阿尔弗莱德脸色苍白，身材瘦削，高度近视；亨利也是又高又瘦，而且特别害羞。但人不可貌相，海水不可斗量，两人几乎没做任何调整，就背上行李，雇了一条船，请了几个当地人作向导，向丛林出发了。虽然天气炎热，空气潮湿，蚊虫叮咬，但毕竟梦想成真。下面是阿尔弗莱德在他第一眼看见丛林时的描述：

树荫荫翳蔽日，只能从叶缝间挤进来一丝直射的阳光；树木又粗又高，可怕的各种虫子或缠在树上，或吊挂其中，形态各异……面对这些，我除了惊叹，还是惊叹。

　　这里还是昆虫的天堂，他们见到了很多从未见过的东西，到处都是昆虫和蝴蝶。两人很快就投入到了紧张的工作之中，每天都忙于采集物种，并把昆虫粘到卡片上。他们计划把采集到的东西运回英国，以每件东西三便士的价格卖给一家博物馆。也许你觉得这个价钱并不贵，可是你知道吗，他们二人共采集到了14 712种不同的昆虫（其中有8000种科学家们从未见过），所以两人特别兴奋，因为他们确实能挣到不少钱。每天亨利都从上午9点工作到下午2点，中午饭也吃得特别快。下面就是他在给他兄弟的信中所描述的度过的典型的一天：

我左肩扛着一支双管枪，右手握着捕虫用的网子，左手挎着皮包，包儿有两个兜，一个装昆虫盒，一个装火药和两种子弹，右胳膊上还挂着一个"游戏包"，它是一个装饰性的东西，有一些皮质的装饰品和皮带用来挂蜥蜴、蛇、青蛙和大鸟之类的东西，包上还有一个小口袋可以装纸，这些纸是用来包鸟的。衬衫上有一个软垫子，上面有6种大大小小的别针。

但这趟行程对他们来说并不轻松，两人一路上饱受蚊虫叮咬，受到不友好的土著人的攻击，还因为发烧差点被撂倒，这一切都快把他们逼疯了。一次，一条特别巨大的森蚺（南美热带产大蛇）攻击了他们的小船，用头把他们的鸡笼捅了个大窟窿（这些鸡是他们在路上的食物），叼走了两只鸡。

还有更糟的呢。1852年8月，阿尔弗莱德认为自己在雨林的任务差不多完成了，该往回返了，走到一半的时候，灾难又降临了。他所乘坐的船着火了，开始下沉，把他这么长时间费了好大劲才弄到的东西都带到水里了，他写的日记、画的草图都在那次事故中丢失了，仅留下了一些关于棕榈树的记录和鱼的图画。他好不容易才活下来，整整在海上漂流了两个星期才获救。

这对他来说真是个不小的挫折。回到英国后，他并没有停止工作，不久就又开始跟昆虫打交道，但这回是在东南亚。在短短的8年时间里，他收集到了125 000个标本，包括昆虫、蝴蝶和鸟。你可能会问，光说阿尔弗莱德，那亨利怎么样了？

他在亚马孙多待了几年，回国后写了一本书，书名叫《亚马孙河上的动物标本制作者》，这本书非常引人入胜，成为当时最畅销书籍。华莱士和贝兹第一次去亚马孙就功成名就，这对世界各地刚出道的地理学者来说真是极大的鼓舞。

怎样才会不被吃掉

勇敢的华莱士和贝兹能够活下来，讲述他们和亚马孙的故事。但很多动物都不像这两个人那么幸运地在雨林中健康地活着。许多动物都以植物为食，所以绿色植物多了它们就不会被饿死。但是很多动物都有很不好的饮食习惯，不爱吃果子和蔬菜，它们最喜欢的美食就是……其他动物，也就是说它们是肉食动物。然而，总有一些伶俐的小动物想方设法逃脱强大对手的追捕，有的甚至能够完全扭转形势，把对手给消灭掉。那么，如果你不想成为别人的点心，到底该怎么做呢？我想，你可以认真阅读一下下边要讲的逃生手册，学习一下那些森林动物，它们能够虎口逃生。这些故事是由芬的一个老朋友梅杰·瑞恩·福莱收集汇编的，里面净是一些神奇的逃生术，很好看的哟！

逃生手册

梅杰·瑞恩·福莱 著

我从来都是带着它才出门的。

逃生手册

变色龙

这种动物很会保护自己，但是要学习它的战术也不是一件容易的事，你必须准备一个颜色丰富的颜料盒，到时候你用得着。你知道，变色龙在一般状态下身上只有两种颜色，即绿色和棕色，但就是这两种颜色可以变出五颜六色来。听着，我说的是五颜六色，而不是单指什么淡黄褐色或是灰棕色，是能够随环境而改变的保护色。对，就在几分钟之内，它就能够把身体的颜色变得跟背景的色彩一样，这样敌人就很难发现它。所以，想学变色龙这点本事你就必须学会把颜料盒中的颜料抹在自己身上。

有毒的青蛙

青蛙虽小，但也有别的动物要吃它，也需要保护自己。大家都知道，很多动物都有着艳丽的颜色，希望能够借用色彩把敌人吓跑。我是说那些很俗气的颜色。但是，光有艳俗的颜色是不够的，还必须有毒液才行，必须从皮肤上渗出一些致命的毒汁，这样那些小流氓就不敢来寻衅滋事了。

59

兰花螳螂

这种动物特别唬人，外形看起来就像是一朵无毒的花，真是个狡猾的东西。它的自我保护能力特别强，那双翅膀在风中招展时就像是两个花瓣，狡猾啊！这一点可能你学不了啦，因为你没有翅膀啊。你知道，很多动物（包括人）的外表都很能迷惑人，就拿这个螳螂来说吧，正因为它看起来像朵花，所以就有昆虫停在它上头歇脚，只见它忽悠一下，以迅雷不及掩耳之势就把昆虫抓住了，咔嚓一口就把脑袋给咬下来了，动作真是棒极了！

美洲豹

我们都知道，它是森林之王，是最凶猛的猎手，它还需要保护自己吗？当然，因为再强大的人也有自己的弱点，它也不例外。美洲豹也知道这个道理，它时刻保持着清醒的头脑，不因为自己是兽中之王而放松警惕。

所以，它长着一身带有斑点的皮毛，好让自己潜伏在森林中时与林中的光斑相协调，这样既能使自己免遭袭击，也能偷偷捕食。捕食的时候，它会隐藏在树丛中，然后猛扑过去，这是伏兵的第一规则。抓住猎物后，凭借它那双铁爪任何人再也甭想从它手中偷走午餐肉了。

假珊瑚蛇

这种蛇不像那种黄蝮蛇，它的森林逃生术远远不及黄蝮蛇。它无毒，但是它能唬人，让别人以为它毒性很强。有一种真正的珊瑚蛇，毒性奇强，能置人于死地。这种假珊瑚蛇虽然自己无毒，但是也学真珊瑚蛇身上长着十分漂亮的红、黑、黄三色，让人以为它就是珊瑚蛇，从而不敢对它怎么样。这真是一种特别有用的逃生术，但是就怕被长着慧眼的人看穿它的把戏，那样它就要遭殃了。

关于健康的严重警告

吃长毛的有毒的虫子对人的健康是有害的，如果吃了，好的情况下有可能长疱疹，坏的时候甚至可能送命。下面给你讲一下非洲的金树熊猴是怎样解决这个问题的。

当它发现一条毛虫（因为毛虫味特别冲）后，就会先把虫子的脑袋给咬下来，然后把虫子放在两手间使劲揉搓，这样能使那些致命的毛脱落，最后再把虫子吃掉，并且用树枝把脸部弄干净。

哟！
哟！

赶紧逃跑

因为你没有像虫子那样的毒毛，当你遇到危险时，你只能选择逃跑。如果跑得不够快，那你可以飞呀，或者滑翔，或者爬上树。下面就向你传授一些随时都能用的逃跑术，这些逃跑术也可以用来偷袭别人，其中已经有一些动物运用得很好，多向它们学学吧。

动物奥林匹克运动会

跑步获胜者 有一种蜥蜴能够在水面上行走，这是千真万确的，那么它是怎么做的呢？原来，它的后脚是有蹼的，当它在水面上行走时，它会用那双长蹼的长脚飞快地击打着水面，这样它就不会掉进水里。哎，如果你不会游泳，这倒不失为一种穿越水塘和河流的好方法。

攀缘获胜者 有一种很小的树蛙生长在树冠的高处，它们的手指和脚趾上有一些微小的、黏性的吸盘，这种善爬的蛙能够笔直地爬上树干，甚至能够倒挂在叶子上而不掉下来，我敢打赌你肯定不知道有谁能做到这一点。

飞翔获胜者 蜂鸟是一种极能飞翔的动物，当它们品尝可口的花蜜时（即前面所讲的为花儿授粉），它们会悬停在花的前方，就像一个小小的直升机。为了保证能够待在空中，它们翅膀的振动频率是90次每秒，此时你就能听到翅膀拍动时发出的嗡嗡声。这种漂亮的小家伙甚至能够倒着飞行，嗯，真的很神奇啊……

秋千获胜者 长臂猿是森林的秋千王，这些高空特技猿能够在空中飞快地荡来荡去，这对人来说是非常危险的，但是由于

长臂猿胳膊超长、手指和脚趾超长，它们能够牢牢地抓住树枝而不掉下来，每一荡都能使它们前进10米。如果你想做到这点，你就只能在教室里荡来荡去，但是你得看好了才着陆，别摔着自己。

滑翔获胜者 这种漂亮的天堂飞蛇实际上是不具有飞行技能的，但它却能做得很像飞的样子，它能够在空中高速滑翔，虽然它没有翅膀。为什么它会这么棒？那是因为它能够从树上将自己发射出去，然后倒伏着自己的身体，向前滑翔，当它在另一棵树上着陆时就像一个又长又薄的降落伞。

你能够做一个三趾树懒吗?

什么东西是绿色多毛的并且经常挂在树上? 不知道了? 想放弃吗? 告诉你吧, 这个东西就是看起来怪怪的树懒, 它总是在南美洲湿热的森林里挂着。我敢说这个小东西比你还要懒得多, 从它的名字"树懒"就可以看出来它是生活在树上的大懒虫。好不容易找到一个比你懒的人, 所以你一定要尽力在你妈妈面前提到这件事, 尤其是当你妈妈把你拽出被窝时, 你就可以告诉她你还不是最懒的。那么, 下面关于树懒的一些不招人喜欢的恶习哪些是真的? 请你回答一下。

1. 树懒每天有18个小时在睡觉。　　　　对还是错?
2. 树懒的皮毛会变绿。　　　　　　　　对还是错?
3. 树懒每周只下地一次。　　　　　　　对还是错?
4. 树懒行动起来比乌龟还慢。　　　　　对还是错?
5. 研究树懒的科学家经常打瞌睡。　　　对还是错?

答案

也许你不太相信, 以上所说的没有一个是假的。树懒确实特别懒, 就像你一样, 它们认为最舒服的日子就是不梳头、不洗澡, 除了吃饭就是睡觉, 成天呵欠不断。可是成天挂在树上什么都不做又有什么不好吗？爱睡的树懒才不关心这种问题呢。哎哟，对不起，我说这些是不是打扰你睡觉了，真是对不起。

1.即使树懒不睡觉，它也不会走得很远，而是沿着树缓缓地爬着，把树叶放在嘴里慢慢地嚼着，实际上它也只能走这么远。不管是睡着了还是醒着，树懒总是倒挂在树上，用它那老虎钳子一样的爪子紧紧地将树抓住，即使睡着了也不会掉下去，哈哈！不光如此，就连它那可怕的毛发也是向下垂着的，这样就可以将身上的雨水排掉。

2.通常情况下树懒凌乱的毛呈棕色，但是由于它又懒又脏从不洗澡，以至于一些小植物在它身上都发芽了，把它的身体变成可怕的绿色（实际上绿色对树懒来说非常有用，它能够帮助树懒藏在树上从而躲避像美洲豹一样的敌人的攻击）。如果你不觉得这样可怕，那么再告诉你一点更恶心的，经常有一些小蛾子在树懒皮毛溃烂处爬来爬去，吃它身上长出的植物。

噢，吃午饭喽！

3.每周树懒都要下一次树……但目的是为了上厕所，它下树在地上找个坑拉屎，然后再爬上树。在它爬下树的同时，蛾子们就会飞出它的皮毛，在它拉的冒着热气的屎堆上产卵，这些卵孵化后，就开始吃这些屎。嘿，这些东西还真能活啊。不久以后它们就又变成了成年蛾子，找一只树懒去过安稳的生活。

　　4. 即使使出吃奶的力气，树懒在树上也只能每小时爬0.2公里，这比你上学时步行的速度要慢上20倍。

　　与这位慢条斯理的老兄相比，乌龟就成了动作敏捷的人了。在地上，树懒行动更慢，因为它们的腿太差劲了，根本不可能支持树懒爬很远（这是因为它缺乏锻炼），所以它们几乎是趴在地上拖着自己前行。令人惊奇的是，这个懒东西特别会游泳，但这并不是说大部分树懒都下过水。

　　5. 研究树懒的科学家们很难使自己一直处于非常清醒的状态，我还纳闷为什么会这样，可是你想一下，你睁大了双眼一动不动地盯着一只一连几个小时什么都不干的绿毛动物，你难道不犯困吗？这比数羊催眠还有效得多。难怪第一个看见树懒的科学家对这种动物非常不客气，他说："我还从来没见过一个比这位老兄更丑更没用的动物。"

你能找出不同吗？

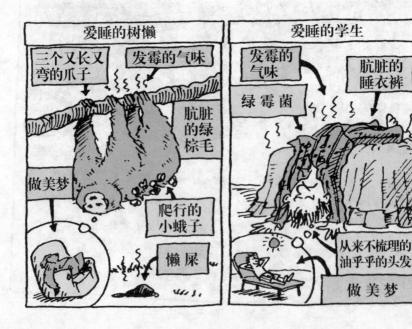

　　讲到这里，你是不是觉得有些累了想睡觉？别着急啊，你的雨林之旅离完成还早着呢！忘掉那些爱睡的树懒和盘子大小的蜘蛛吧，别想这些了，下一章还有人等着跟你见面呢，他们至少能教你一两件事（但它肯定不是地理老师）。

雨林生活

　　虽然热带雨林里野兽出没，空气湿热，但是仍有约150万人居住在那里，并且已经在那里生活了几千年。俗话说，靠山吃山，靠水吃水，他们正是靠丛林给他们提供了生活所需的衣食住行，作为回报，他们也十分敬仰密林，决不给大自然一丝伤害。你可能会说，在那里生活很不错呀，空气新鲜，像个世外桃源，但我要奉劝你，不要把那里的生活想得如此简单。实际上，雨林生活十分艰难，比如说，如果你感到饿了怎么办？是找一些点心吃吗（这在森林里是不可能的）？你肯定不会跑到丛林里去寻找食物吧。你认为你能适应丛林生活吗？你想了解当地居民的生活吗？如果想，那么我们就带你去看一看南美洲雅诺玛米土著人的生活，他们了解雨林就像了解自己的手背一样。

雅瑞玛的密林生活

我的房子我的家

　　你好，我叫雅瑞玛，生活在南美洲巴西的雨林里，今年10岁，是一个雅诺玛米土著人。我家住在一个叫图托托比的小村里，一条河流过村里。那是一个十分美丽的地方，我们全村一百来人都集中住在一个大房子里，房子建在密林中一个开阔的地方，是一个很大的圆形的屋。它有一个好听的名字叫雅诺，是用森林里的树木做成的，屋顶用棕榈叶盖成，白天凉爽晚上温暖，真是棒极了！这所房子是我爸爸和村里其他男人在几年前盖的。

每个家庭在屋子里都有自己的火炉，我们把吊床围着火炉挂起来，就在那里睡觉。火炉在晚上给我们以温暖，并且替我们驱赶蚊虫；它还是我们做饭的工具。我的宠物猴喜欢和我一起睡在吊床上，我还有一个宠物巨嘴鸟和几只宠物狗，我真的很幸运。在房顶的正中央有一块天井，从那里可以仰望天空，还可以玩耍、开会、开party，我真喜欢住在这个房子里。除了父母兄弟，我祖父母、叔叔婶婶和堂兄弟表姐妹们也都住在这里，所以我们是一个大家庭。常有人跟我玩、陪我聊天，生病时也有人照顾我。尽管我们之间也有一些小争吵，但是我们从不感到烦恼和孤独。

我的一天

　　每天，太阳一出来我就起床，跟其他女孩子一起到河边洗漱。我们在水中嬉戏、潜水，很有意思。洗完之后就回家吃早饭，早餐通常是辣椒酱或鳄梨抹木薯粉面包。吃完早饭后我们去上学，学校

也在雅诺里，在那里我们学习阅读和写作，学习我们的土著语言和葡萄牙语，这样我们不但能内部交流，还能和外面的人沟通。上课的时间通常只有几个小时，所以我们都觉得还行。放学后我们会去游泳或爬树，然后帮妈妈做一些小事情。

　　我的哥哥和其他男孩跟着大人们学打猎，有时候他们要离家好几天，在森林中宿营。他们使用弓箭能够抓到猴

子、野猪、犰狳和貘等动物，有时候也去河中钓鱼，实际上就是站在小船上用矛扎鱼，这是一项很难的工作。男孩们通常在一起观察，练习抓蜥蜴，为将来真正打猎做准备。我的哥哥虽然年纪还

小，但却忍不住去真的打猎，虽然他也知道打猎是一件很危险的事，上个星期我叔叔就受到了野猪的攻击而受重伤。有时候他们出去打猎也会一无所获，这对我们来说就不是件好事了，我们会因此而挨饿。

像我一样的雅诺玛米女孩不用出去狩猎。我会帮着妈妈捡柴火挑水，这也不是件轻松的活儿。我还会帮着收拾我家的小花园，我们在那里种木薯、香蕉、花生和辣椒。有时候我还和妈妈到森林里捡巴西果。我现在正在学习自己制作吊床，以我的技术好像要花很长时间。我的爸爸妈妈特别伟大，他们教给我们有关森林以及生活在密林里的动植物的知识。在他们的教导下，我们知道哪些植物可以吃，哪些植物对我们有害。他们还教会我们热爱森林，因为是森林给了我们生活所需的一切。爸爸常说："每砍伐一棵树你都要乞求它的宽恕，否则就会有一颗星星从太空陨落。"我们还从他们身上学到了慷慨的品质，什么东西都与其他人分享，这一点对雅诺玛米人来说是非常重要的。

最近我十分伤心，因为妈妈病得很严重，她总感到十分疲惫，而且还发烧，成

天只想睡觉。

爸爸说她得了流感，这种病是开采金矿的人带到森林里来的。爸爸还说流感有时候会夺走人的命，妈妈现在急需一些特效药，但我们上哪里去弄这些药呢？我真的不想让妈妈死。

一次盛宴

晚上，男人们从森林里回来了，分配他们收获的食物。有时候，我们吃完晚饭会围坐在火堆旁，讲述着森林的故事。有一天猎物特别多，我们举行了一个盛大的晚会来庆祝丰收，晚会上人们载歌载舞，其中还会有一个宴会，村子里的人们都加入到这个欢乐的海洋中来。我和好

友玛塔会把植物汁做成的颜料涂抹在脸上和身上，既有红色又有黑色，十分有趣，我们还会在耳朵上戴着鹦鹉那艳丽的黄黄绿绿的羽毛做游戏。晚会上有很多好吃的东西，但最令我高兴的是，妈妈的病已经好多了，她和其他妇女们在宴会后还要唱森林颂歌。我和朋友们也都很高兴地加入到欢乐的人群中，高兴地唱起

了心中的歌，感谢森林之神赐给我们充足的食物，我们相信森林之神就在林中的每一棵植物、每一只动物身上，如果我们惹恼了神，神就会让我们生病，夺走我们的动物，我们就没有那么多可吃的了，所以我们必须让神高兴！晚会将一直持续到深夜，但妈妈却让我们早点上床，因为第二天会在雅诺开会讨论妈妈的病，爸爸说应该采取一些措施来制止那些给我们带来疾病和伤害森林的开矿者，我真的希望一直能在森林里生活下去，因为我爱这个大家庭。

　　好了，我的小猴该睡觉了，明天还有事儿呢。再见了，各位。

木薯是一种类似于马铃薯的蔬菜，森林居民经常用它来做面包、酿啤酒，但是必须首先把这些木薯捣成泥状，并且榨出汁来，否则就会含有剧毒。如果你生吃了它，就会小命不保，这可不是吓唬你哟！

　　捉弄老师的损招

　　你是不是觉得自己特别勇敢？如果你想看见老师变得满脸通红，你可以把一些乌拉古豆碾碎了后，用水和成糨糊抹在自己脸上。

　　可是为什么老师的脸会变红呢？

答案

　　因为她看见了你那张丑陋的泥脸，那种奇异的糨糊可以把你的脸变得特别红，所以你老师的脸可能是被气红的，也可能是被映红的。南美洲有一个民族叫做歪歪人，他们常用这种东西涂脸，据说这样可以避免被恶鬼陷害，因为他们认为恶鬼怕看见红色。同时，他们还把宠物狗也涂成红色，这样，恶鬼即使看见红色也会分不清人和狗。此外，这种糨糊状的东西还能有效地防止蚊虫叮咬。

你是不是没赶上公共汽车跑着到学校来的？脸怎么那么红？

　　如果你能像当地人一样居住在森林里，你最好还是适应当地的食物。也许你认为学校的饭难以下咽，没准当地的食物味道还会好一些。没错，饭菜质量是差点，但是，如果你亲自品尝一下森林里的饭菜，你就知道哪个好哪个坏了。你可以上一家森林餐馆里，看一看菜谱，你还会觉得有些菜特别新鲜，但味道好不好只有尝一尝才能知道。准备好点菜了吗？好，开始吧。

倒人胃口的森林菜谱

开胃菜

▶ 白煮蚱蜢拌蚂蚁。做这道菜时一定要保证蚂蚁至少煮6分钟，以排除它体内的毒素。

▶ 烤棕榈虫肉串。吃法是：把虫子整条吞下去，或者剖开吸虫汁。

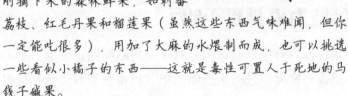

▶ 鲜美的热果汤。原料是刚摘下来的森林鲜果，如刺番荔枝、红毛丹果和榴莲果（虽然这些东西气味难闻，但你一定能吃很多），用加了大麻的水煨制而成，也可以挑选一些看似小橘子的东西——这就是毒性可置人于死地的马钱子碱果。

主菜

▶ 厨师特制精美炖菜

精选猴子、貘和野猪（或者用一两只蝙蝠）等的鲜肉烹制而成，肉质柔软嫩滑。

▶ 烤香蕉多汁水豚排

这道菜不适合豚鼠饲养者，因为水豚看起来像一个特别巨大的豚鼠，属啮齿类动物。菜的味道既像猪肉也像鱼肉。

▶ 新鲜水虎鱼

小心你的手指被它咬掉，它可是很凶猛的哟。这道菜是跟一种大型毒蜘蛛一起做成的。

饭后甜点

▶ 新鲜熘蜂巢片

吃起来非常鲜美，但原料很难弄。要想搞到蜂巢，首先必须爬上树，把手伸到蜂巢里去，然后点上一束树枝用烟把蜂赶跑，但是这样做极有可能被蜇伤。

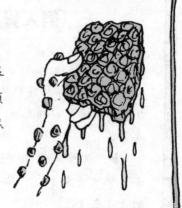

你会成为森林猎手吗？

当你在森林中旅行时突然肚子饿得咕咕叫，你会怎么办？你总不能找一家商店进去买点吃的吧，根本没有商店嘛！这时候你需要勇气，自己打猎解决吃饭问题。千万别说你干脆饿着哟，别着急，有人陪着你，非洲的俾格米人可是狩猎高手，他们会教你怎么做。

1. 你先在树林里搭一个帐篷，因为俾格米人是游牧民族，为了寻找食物，经常要从一个地方迁徙到另一个地方，绝不会在一个地方待很长时间，一旦食物吃完就会搬走，所以他们也不需要特别结实的房子，而是用树枝和树叶临时搭建一些很小的圆形的小屋。

这种小屋防雨性能很好，而且很好搭建，只需要花两个小时就能盖好。

2. 第二天拂晓起床，点着一个火把，以示对森林的尊敬，同时祈求它在你打猎时能够保佑你。吃一点烤香蕉和米饭权当早餐，然后向森林出发。一般情况下俾格米人用大网和长矛打猎（其他一些森林居民用弓箭或者长吹箭筒打猎，现在都用猎枪，但是猎枪产生的巨大声响往往会把动物吓跑），网子是用特别强韧的藤本植物做成的，能够用很多年都不坏。

3. 你发现了一只羚羊，按照它的足迹跟踪追击（俾格米人还打猴子、蛇和野猪等）。俾格米人都是跟踪动物的专家，他们知道这些动物到什么地方去了。千万别把动物吓跑了，或者让它们知道你正在追赶它们，所以在干燥松软的叶上走时你必须踮起脚尖，俾格米人走路时能够做到一点声音都没有，但问题是你能做到吗？

4. 正在这时候，你看见了一群羚羊正在林中吃草，此时你不能说话，否则就会把它们吓跑，你只能做手势告诉别人你看见它们了。

5. 你和其他人一起把网撒开，形成一个半圆形。同时，还有一些村民潜伏在周围的树林中，突然他们猛地向前跑去，把羚羊赶进网中，然后猎手们用喂了毒的矛把它们杀死。

6. 你把这些羚羊运回露营地，用篝火烤熟，每个人都拿一块肉啃着，吃得特别香，肉味逗得很多不知名的蛾子跟着飞。吃完后，你们就围着篝火又唱又跳，感谢森林让你们那天喜获丰收。

关于健康的严重警告

　　婆罗洲的艾班族人以前常常搜集人头，他们把敌人的头砍下来挑在一根长杆上。为什么会这样？原来，他们认为人头能够给他们带来特殊的力量，一个人拥有的人头越多，力量也就越大，就这么简单。现在你是不是有点担心你的项上人头？别害怕，这种可怕的习俗早就被废除了，现在不会这样了。

玛丽·亨瑞塔·金丝丽的冒险生涯

　　如果是在过去，你就不但要提防那些人头猎手，还要小心那些吃人的野蛮人，他们会用瓦罐煮人肉汤喝。这是多么恐怖的想法啊！但是，这种事情并没有吓退勇敢的英国探险家玛丽·亨瑞塔·金丝丽（1862—1900）。

　　玛丽的童年很悲惨，她的爸爸经常离家，妈妈常年有病，照顾妈妈的责任不得不落在年幼的玛丽身上。在她30岁时，父母先后离她而去，家里已经没有可以让她留恋的东西，于是她决定只身前往非洲，考察那里居民的生活状况。她的朋友认为她头脑有些不正常，都不支持她的这一决定。作为一个初试探险的人，她从未去过非洲，甚至从未到过国外，而且在那时，单身在一个陌生的国度旅行根本不是一个贵妇人所做的事情。但是玛丽不在乎别人怎么看她，她在非洲度过了非常愉快的一年，如果有人问她为什么要这么做，她就会搬出她的那套托词。她说她到非洲是为寻找她那失散已久的丈夫，而且有人相信了她。不过这只是刚开始时找的借口，接下来的几年她又去了，伦敦的大英博物馆要求

79

她收集几条只有在非洲才见得着的河鱼的标本，但是有一个小问题，这种鱼只有在热带雨林深处才能找到，要想到那里真是一件很危险的事，因为从来就没有外界的人到过那里，而且据说那里还有一些特别凶残、特别不友好的吃人肉的野蛮民族叫做芳族。博物馆以前找过很多人干这件差事，都遭到拒绝，但玛丽却一口答应下来。

那么玛丽后来是平安归来呢，还是被那帮野蛮人给煮了呢？下面就是她给家里写的一封信，大致是这样的：

非洲加篷共和国境内的澳沟河

1895年7月

亲爱的查尔斯哥哥：

真希望这封信能够顺利地送到你手中。有一段时间没给你写信了，因为我实在太忙了，很对不起，但是我过了很有意义的一个星期。你知道我来这里为博物馆收集鱼的事儿吗？前几天我就沿着澳沟河去找我那几种十分罕见的鱼类，刚开始的旅行都还挺好的，还有一艘大轮船特别舒服，但是后来麻烦就来了，因为大船不能穿过急流，所以我不得不放弃大船改乘独木舟。简直太可怕了，这个小船翻了两次，还有一次一条鳄鱼还想爬上船（我用桨狠狠地打在了它的鼻子上，后来它就再也没来打扰我们了）。水

蛭更可怕，它们简直令人作呕，一旦它们上了身，你就不可能把它们晃下来。幸运的是，我带了一条你的旧裤子，我把这条裤子穿在裙子里边，至少这样会让我的腿看起来漂亮些，还能够隔离那些水蛭。

我雇了五个当地男子做我的向导，很快我们就到了位于澳沟河和兰威河之间的大森林。我以前曾在书中看过关于这个大森林的描述，这回终于亲自到了这儿，真的让人感到特别兴奋。难道不让人兴奋吗？后来我们来到了一个芳族人居住的村庄，村庄叫埃佛瓦，我很幸运地找到了一间房子。我知道你现在在想什么，亲爱的查尔斯，你在想那些芳族人是可怕的食人一族，他们经常把外来入侵者当做早餐吃掉，我也一定会成为他们的瓦罐汤料。但不是你想的那样，他们到目前为止对我们都特别好，在那里我从来没有害怕过。你知道我的座右铭是什么吗？就是"从不掉脑袋"。

我还要告诉你，昨天我受到了惊吓，我那个小屋里有一股特别奇怪的味儿，有点像烂鱼味，我闻了半天，发现这股味儿可能是从挂在墙上的一个老布包里发出来的，真是臭死了。好奇心驱使我打开了布包，我把东西都倒在我的帽子上。我敢肯定当时没有人看见我做这些事，我也无意触犯谁。

可是，你可能从来都不会想到，我倒出来的竟然是人的一只手、三个大脚趾、四只眼睛和两个耳朵！而且这只手看起来好像是刚刚剁下来的。后来我才知道，虽然芳族人特别爱吃人，但他们也不是将人全部吃完，而是会留下一些部位作纪念。我承认这是件特别恶心的事，可是查尔斯，你千万别为我担心，我到目前为止还是一个整体，没有被撕碎，而且，我还在靴子里塞了一把左轮手枪，就是为了防止有什么不好的事发生。

明天我们就要出发到另一个芳族人村庄了，向导们都有些不想去，他们害怕被活活煮死。之后我还要去爬那里的一座大山（喀麦隆大山），我以前从来没有爬过山，所以我感觉很兴奋。但是我必须赶回来过圣诞节，亲爱的。

你亲爱的妹妹

玛 丽

另及：顺便说一下，我已经收集到了65种纯新的鱼，我很棒吧，对不对？

太棒了！

玛丽于当年12月返回英国，很快成了明星。她把自己的旅行经历写成了一本特别畅销的书，还被邀请去给一些地理社团作报告，跟成员们交谈，甚至有三种她发现的鱼以她的名字命名。可惜她晚景凄凉，1899年，她去南非护理一些受伤的士兵，第二年就死在了那里。

当地人已经在森林里生活了几千年，今天他们的生活正在发生变化。他们周围的树正在一片片地被砍倒，他们不得不背井离乡。有很多人已经死于疟疾、麻疹和流感等疾病，而这些病都是那些从外边到森林里安家的人带进来的。一些当地人奋起反击来保护森林，因为如果不这样，他们存续了几千年的古老生活方式可能从此就要消亡，这真是人类历史的悲剧啊。

崭露头角的探险者

有些人有很严重的脚气，这与长期穿一双气味特别难闻的袜子无关，问题的关键在于，他们从来不肯安静地坐一天，一天不走心里就难受。那些勇敢的探险者就属于这种坐不住的人，你永远不可能看见他们整天坐在什么地方盯着电视目不转睛地看着，他们总是喜欢去那些特别遥远的从来没有外人涉足的特别危险的地方，如死亡沙漠、令人望而生畏的高山等，哦，当然还有我们所讲的充满生机的热带雨林。那么到底为什么他们会这样呢？有一些人是想从森林获得一些财物，如香料、木材或金子，也就是想从那里赚点钱，但是另一些特别敬业的科学家和地理学者，他们只是想去看一看这个精彩的世界，他们对于这个仍未完全被认知的世界充满了好奇，正是这种好奇心驱使他们做出一些奇怪的出人意料的事情……

穿越亚马孙热带雨林

德国有一位叫做亚历山大·洪堡（1769—1859）的地理学家，他不喜欢上学，老想出去闯世界，但是为了不惹妈妈生气，他还是上了大学，并且在矿藏部门找了一份特别无聊的工作。他把大部分时间都花在土地上，到了晚上，他就会跑到乡间，因为他对植物非常痴迷。

1796年，亚历山大的母亲去世了，他再无牵挂，于是开始

84

了自己的旅行。他辞去了工作，为了防止迷路他学会了看地图，并且联系法国最棒的植物学家埃梅·邦普兰（1773—1858）跟他一起上路。埃梅本来是个医生，但是他喜欢植物胜过与病人打交道，所以两个人很是投缘，大有相见恨晚的感觉，很快成为铁哥们儿。他们制订了一个五年计划，想在这五年之内到南极探险，因为在那里他们的知识就能够得到充分地运用，但快出发时计划却被迫取消了。由于感觉有些失望，两人就徒步从法国走到了西班牙，到了那里之后运气开始改变。一个偶然的机会，他们见到了西班牙国王，国王允许他们去参观南美洲（那时南美洲处于西班牙统治之下，去那里的人必须征得西班牙国王的同意），两人真是欣喜若狂，因为到了南美洲的热带雨林里，他们可以尽情地考察植物。但是，真正的旅途却不轻松……

读亚历山大完整的旅行日记比看日记摘要过瘾得多。据说完整版比摘要版长多了，因为亚历山大把旅途上的见闻都原原本本地记下来了，而且他一路上都特别活跃特别兴奋，即使出了大错也是这样。

我的丛林日记（摘要版）

亚历山大·弗里德里希·威罕·亨里希·洪堡（巴伦）著

1799年7月，库马纳，委内瑞拉

我们于6月5日从西班牙坐船出发，到那时我都还不敢相信这是真的，我们真的要去南美了！妙哉！奇妙的世界，我来了！我有些情不自禁地欢呼起来，这正是我梦寐以求的旅行。我们在特纳利夫岛停留了几天，爬上了一座火山（正处于休眠期），感觉好极了，这之后旅行才算正式开始。一路上，我取了很多海水和海藻（一种特别细小的植物）的样本，可是不久以后就有灾难降临，几乎有一半的船员被伤寒击倒，这真是一种可怕的疾病。我们不得不我一个最近的港口——委内瑞拉的库马纳（在南美洲）停靠，这就是我们现在所处的位置。阴云仍然笼罩着我们，是啊，这种病对人来说真是一场大祸，我希望他们尽快好起来，这是一个多么美丽的地方啊，有多少美丽的风景等着我们去看，又有多少令人高兴的事等着我们去做

呀，怎么能就这样停在这里呢？我心乱如麻，思想没有一点头绪。这里的树叶硕大无朋，花儿多么娇艳，到处都是可爱的动物和鸟儿，而我们却不能尽情去观赏，怎不让我心急如焚呢？我的上帝啊！

1800年2月，委内瑞拉加拉加斯

我们于去年11月就到了这里，正好赶上雨季，到处都湿漉漉的，给旅行带来了极大的不便，但我们已没有时间烦恼了。我们把迄今为止所收集到的标本进行了分类，发现竟然有好几百个标本！一旦天气稍干一些，我们就起程去南部的奥里诺科河，有一条叫卡斯魁尔的小河把它跟亚马孙河连接起来。说实在的，我都有点等不及了。

1800年3月，快到委内瑞拉的奥里诺科河了

这是多么漫长的一个月啊！我们和向导骑马从加拉加斯出发了，但是在河边草地上骑马非常可怕，即使像我这样的乐天派也很难再有笑容，我想我们一定会在这酷热天气中窒息干渴而死的，或是被虫子生吃掉。但是，我们不能抱怨，因为没人求我们来，这一切都是自我的，能怪谁呢？最终靠着坚定的信心健康地到达了雨林。我们整天都在林中旅行，累了就在河边支起帐篷歇会儿，把吊床安在

树上，在旁边烤上一堆火，这是多么惬意的事啊！

向导们抓来一些鱼做晚饭，我和邦普兰在一边写日记，这种生活真让我感到舒适。熊熊燃烧的火把美洲豹挡在海湾上，黑暗中你还能听见它们的吼叫，你会害怕吗？反正我不怕，美洲豹不就像猫那么大吗？那还能叫豹吗？

哈哈，有什么可怕的！

1800年4月1日，奥里诺科河

我们用马匹换了一只小船，沿着奥里诺科河航行，进入未知的区域，一行人都非常兴奋。可是那里的确太热了，我都没法向你形容。我们用植物在小船的尾部搭了一个小天棚，可以遮挡一些阳光。由于船上装了很多植物和兽笼（大部分装着鹦鹉和猴子），所以都坐在凉棚下就显得有些拥挤。特啦啦啦啦啦啦，我们都在河上挤成一团啦……

1800年4月4日，奥里诺科河的更远处

我们在一处树木比较茂密的地方停了下来，我急不可待地下了船，想上岸把丛林看个真切。这个地方太漂亮了，植物太美了，还有那么多的动物，简直就是地球上的天堂嘛！对不起，扯远了。我停下脚步，仔细观察着地面上的一种菌，然后抬头向上看。天啊，我刚好跟一只美洲豹四目相对，我从腰部以下开始发抖，我该怎么办啊！情急之下我突然想起有人曾经给过我这么一条建议："如果

你碰见了美洲豹，应该慢慢转身走开，千万别回头看。"

于是，我就按照这个建议，慢慢地转过身去，然后走开，但那会儿，我是随时准备它扑过来的。好在非常幸运，

我成功地逃脱了。

当我鼓足勇气回头看时，那个小东西已经不见了，我想，也许它已经吃饱了吧。

另外，我收回我说的"美洲豹不就像猫那么大吗"这句话。

1800年5月，卡斯魁尔河

我们终于找到了卡斯魁尔河，当然是费了一番周折的。但它太难走了，即使像我这样的人也都这么认为，单凭一个弱不禁风的小船就更叫人害怕了。但真正困扰我们的是蚊虫，为了防止它们叮咬，我们抹了很多难闻的鳄鱼油，这种油味特别恶心，但那也是没办法的事情。尽管这样，我们都还保持高兴的劲头。但可怜的邦普兰却没有这股子劲，他全身都被咬伤了，脸部浮肿，长满了水泡。饿的时候，我们还不得不吃下仅有的一些蚂蚁和干硬的可可豆，我想，这总比没东西吃强吧。

几天以后，埃斯梅腊尔达

这么可怕的一个地方却有着如此美好的一个名字，真是有些滑稽。但在这里绝对不是浪费时间，我做了好几个实验。当地人告诉我他们用一种叫做马钱子的剧毒物来给箭喂毒，这种箭是用藤本植物的皮做的，可以在几分钟之内杀死一只猴子（或人），因为它一旦进入人的血液就会致命。我这个人特别喜欢干一些挑战性强的事，所以吃了一些马钱子，这也确

89

实太冒险了，可也巧了，我居然没事，现在还好好的。

1800年5月底，圭亚那的安哥斯图拉

我们就要返程了，因为每个人都显得特别疲惫（包括我），邦普兰尤其可怜，最后几天他都躺在船上没出来，动都动不了啦。我一直给他吃药，相信他很快就能活动了。就要离别这片可爱的土地了，它的点点滴滴都给我留下了美好的回忆，我有些伤感。我们在无人知晓的水域里总共走了10 000公里，采集到了很多箱动植物品种，在这里度过的每一天都很愉快。可是，接下来我们会去哪里呢？

长话短说话探险

亚历山大没过多久就开始了他的第二次旅行，邦普兰刚能下地走路，两人就又出发了。在接下来的四年时间里，他们穿过了多个丛林，越过了无数沼泽，征服过数座火山。回到欧洲后，他们被人们看做超级明星，尤其是亚历山大，更被无数人追捧。他所到过的地方有多处都以他的名字来命名，包括月亮上的火山口。为什么会这样呢？因为从来没有人单纯地为了考察地理走过这么长的路，而且，他的日记都是一些地理位置图和一些从来没有人见过的人和野生动植物的记载，非常有价值。

可怕的雨林假日

哪个假日最令你觉得糟糕？是因为丢了行李或是遇上了瓢泼大雨吗？你千万别这么想，这都不算什么，还有比你更倒霉的人呢。下面你要碰到的这些不幸的旅行者还曾经经历过地狱般的假日呢，如果你碰上这种事，你还会继续度假吗？我看你恐怕宁可待在家里也不出去了吧。现在，就让芬给你引见他们……

姓名：伊莎贝拉·哥丁（1729—1792）

国籍：秘鲁

地狱之旅：

简·哥丁是一个法国探险家，于1749年前往亚马孙，在雨林度过了几年的探险生涯后准备返回法国。他有一个生病的妻子叫伊莎贝拉，多年来一直在背后默默地支持着他，但是她从来没有想到，丈夫去度一次假竟会跟她一别20年。她在经历了漫长而痛苦的等待后，毅然决然外出寻找丈夫，从而也经历了一次特别可怕的假日之旅。在旅途中，她的伙伴一个一个地先后离她而去，有的被淹死，有的被饿死，还有的病死了，只有勇敢的伊莎贝拉活了下来。她靠着吃树根和昆虫独自一个人坚持着，经常处于半死的状态中，幸好后来一些好心人帮她到达了海滨。你猜怎么着？真是老天有眼，伊莎贝拉竟然和简团聚了。虽然旅途如地狱，但终究还有个大团圆的结局。

姓名：查尔斯·瓦特敦（1782—1865）

国籍：英国

地狱之旅：

南美洲向来是世界上外来人最喜欢的度假胜地，查尔斯也喜欢那里，他曾多次到那里旅行，发现了好几种丛林动物，我们可以说他非常喜欢冒险性的假日。他经常射杀一些动物，并且剥下它们的皮以供闲暇之时研究，这可是一件非常有冒险性的工作。他曾经捕获过一条活蟒蛇，他把这条蛇用力摔在地上，用裤子的背带捆住蛇的嘴。他还曾经骑在一条大鳄鱼的背上，手里还握着鳄鱼的前爪。回国后建立了一个自然展示室，里面陈列着他所捕获的所有野生动物和纪念品。

姓名：理查德·斯布鲁思（1817—1893）

国籍：英国

地狱之旅：

理查德是一位顶级植物学家，他喜欢自助游。他花了几年的时间收集了几千种新发现的亚马孙植物，绘制了好几公里河流的地图，并且学会了21 种当地语言。但是做到这些是相当的不容易，有好几次，他都差点因患上疟疾而死，还有一次他睡觉醒来，听见了他的向导们密谋要趁他熟睡时将他杀死，于是他极力劝他们放弃杀人计划，这证明了旅行时学一点当地的语言真的很有用。

姓名：班尼迪克·阿伦（1960年出生）

国籍：英国

地狱之旅：

有一些假日只有那些极具冒险精神的人才敢尝试，班尼迪克·阿伦就是这么一个度假者。20世纪80年代，他在亚马孙热带雨林里待了几个月，靠着双脚和独木舟完成了这次旅行，根本没有什么空调大巴让这位勇敢的探险者去坐。由于旅途辛苦，几位向导都离开了他，独木舟也丢了。大概有一个月，他独自旅行，只靠喝汤、吃蝗虫、坚果等支撑下去，到后来实在饿得不行了，不得不把自己的宠物狗也给吃了，还差点因发烧死去。尽管遭受了这么多的磨难，勇敢的班尼迪克还是活着走出了雨林。在这里，我们要对他说：好样的，班尼迪克，你是迄今为止我们见过的最勇敢的度假者！

94

你想当一个初级探险者吗？

你能想象出你如果在森林里迷路了会怎么样吗？你究竟会采取什么措施来逃生呢？你知道如何摆脱毒蛇或是吸血水蛭吗？如果你想知道答案，可以亲自去体验一下这种生活，或是做下面的逃生测试题。如果你想亲自体验，那么就要十分小心了，因为探险之旅到处充满了危机，能够逃出生还的人绝对是个奇迹。如果你宁可多做家庭作业也不愿意拿自己的项上人头开玩笑，那么我劝你还不如把你的地理老师送到热带雨林里去呢。注意，别让老师看见下面这些问题的答案。

1. 你身处热带雨林里，由于出汗太多特别想喝水，虽然雨林成天下雨，但周围却一滴水都没有，请问下面哪种植物能够帮你解渴？

a）藤本植物。

b）凤梨科植物。

c）瓶子草。

2. 夜已经很深了，你正在那里打瞌睡，这时有一个巨大的、黑色的、令人害怕的东西飘然而过，这个东西就是吸血蝙蝠，它正在试图吸你的血。请问你该如何避免被它吸血？

a）故意大声打鼾，让鼾声把蝙蝠吓跑。

b）不再看夜晚放映的恐怖电影，你认为吸血蝙蝠是不存在的，都是电影里杜撰的。

c）用蚊帐把自己包起来，虽然并没有蚊子。

3. 救命啊！又有一个吸血的东西看上你了，这回是一只让人觉得恶心的水蛭，即使说到它也会令你浑身起鸡皮疙瘩，就像身上真有水蛭一样。如果它粘上了你并且把吸盘伸进了你的大腿，请问你到底该怎么做才能把它轰走？

a）直接把它揪下来。

b）不管它，直到它喝足了血，就会自动掉下来。

c）撒些盐在它上面。

4. 看着你的脚下，有一根大木头挡住了你的去路，至少看起来是根大木头，但真是这样吗？在热带雨林，有很多东西表面上看起来无害，但实际却不然，你还记得兰花螳螂吗？为了防止你所见到的木头实际上是条蛇，请问你该怎么做？你不会用脚去踢它吧，对吗？

a）轻轻地踩上去。

b）拿起来扔一边去。

c）拿棍子捅捅。

5. 你已经在雨林里走了好几里路，真是又热又烦，觉得都快要晕过去了。你不知道你还能走多远，请问这时候你为了使自己感觉好一些会吃些什么东西呢？

a）香蕉。

b）盐。

c）巧克力块。

（答案）

1. a）、b）、c）。三种植物都可以起到止渴的作用，但是必须注意，如果你从藤本植物中取水，一定要保证选择的树种是正确的，因为有一些藤本植物含有剧毒，这里可以教你一些分辨的方法：用刀把植物割开，如果流出的液体是清的，没有灼伤嘴唇，那就很安全，可以放心饮用；如果液体混浊，呈红色或淡黄色，并且嘴唇有刺痛感，那就不要喝。

如果你从凤梨科植物或是水壶状植物中取水，一定要先弄掉上面爬行的昆虫。

2. c)。吸血蝙蝠不会通过蚊帐来咬人。但是一定要保证你的鼻子、手指和脚趾都在蚊帐里，因为这些是吸血蝙蝠最喜爱的部位。不管你做什么，都不要打鼾，因为这样就等于告诉蝙蝠你在哪里。吸血蝙蝠通常都在人睡觉时袭击人，除了人以外，牛、马、猪等也是它们攻击的对象，它们会用那张像刮胡刀一样的牙咬破你的皮肤，然后贪婪地吸血。奇怪的是虽然被吸血但是你却毫无感觉，因为蝙蝠的唾液会使被吸部位失去知觉。吸足血后蝙蝠会飞回巢，把部分血分给它的亲属们。真是可恶！

3. b)和c)。水蛭一般生活在潮湿的地面上，它们和吸血蝙蝠一样，靠吸血为生。它们会把牙刺入你的皮肤中，直到喝饱为止。

不要试图把正在吸血的水蛭给揪下来，因为它们身体的两端都有非常结实的吸盘，能够紧紧地抓住被吸部位。你可以等它们吸饱

后自动掉下来（这可能需要几分钟，一只饥渴的水蛭一次能够吸入相当于自己体重五倍的血），或者你也可以撒一些盐或糖在上边，这能使它们全身收缩直至死去，为了自己舒服你必须对它残忍。最好的办法是穿一双长袜子并把裤腿塞到袜筒里，这种打扮虽然不太酷，但却能防止不被叮咬。

4. a）。轻轻地踩上去。如果它升高并且滑动，就可能是条蛇。如果你想活命的话，千万不要用棍子捅蛇。一些剧毒蛇往往会潜伏在地面上，人很难看出来，它们看起来就像是掉下来的木头，甚至像一堆叶子。

不要被假象所迷惑，否则你就会十分难过，噢，对不起，是十分痛苦。拿巨蝮蛇来说吧，一旦你被这种蛇咬了，几小时之内肯定没命。刚开始时你会大量出汗、呕吐，接着头就会剧烈疼痛，最后就失去意识。唯一的希望就是赶紧找医生。

5. b）。由于雨林里特别闷热，所以肯定会出汗特别多，而汗是由水和盐组成的，要想活命，这两样东西都不可缺少，缺了哪样都会使人感觉像发烧，身体十分虚弱，接着就会感到头昏眼花，疲惫不堪，最后精神错乱而死，非常痛苦。最好的办法是在水里撒一些盐，慢慢喝下去。当你感觉好一些时，也许会吃一个香蕉，这也行，但一定不要吃巧克力，因为它会在热气中溶化。丛林中的人为了凉爽一些都尽量地少穿衣服，但你却应该穿得严实些，因为长袖子长裤腿儿会让你免遭叮咬，保证你不会被植物擦伤。

我还有一顶帽子，你需要吗？

现在计算你们老师的分数

如果你够大度的话，老师每答对一题，就奖励他10分。

得分为0—20分。 哦，天啊，如果得这么低的分，那就说明你的这位老师在雨林肯定待不长，他的雨林知识太贫乏了。按照这个分数来推算，他可能在你说"老师小心，那儿有只鳄鱼"前就已经被活活地吃掉了，那对你来说岂不是个遗憾？

得分为30—40分。 这个分数说明你的老师初步具备了丛林探险的知识（如果他在丛林里还能保持这种状态的话）。不对，等会儿再说，他脖子上的那两个牙印是怎么回事？

得分为50分。 真是不可思议，你的老师竟然能够从密林里逃出来并且很快就能够返校上课，这说明他还真是个优秀的丛林探险者。与给你们上课相比较，对他来说对付那些讨厌的水蛭和凶恶的毒蛇可能更容易一些。

关于健康的严重警告

如果你不幸被咬了或是擦伤了，那就应该注意了，丛林里的炎热潮湿会使伤口很快恶化，因为细菌在这种环境中很容易繁殖，在你还未来得及察觉时，伤口处的肉就开始腐烂，并且滋生蛆虫。如果你能忍受的话，就不用管这些蛆，它会把那些烂肉都给吃掉。

啊，请来个人帮帮我吧！

现代探险

你是否厌倦了成天坐着玩电脑游戏这种生活？如果是，那么你可以试着去过冒险生活，自己到热带雨林里去亲身体验一下。很久以来，热带雨林接纳了一批又一批的地理学者，他们想方设法到达树冠顶上，但那个地方太高了，根本无法上去。如今，人们上树冠顶不再是难事，已经有多种方法可以到达。如果你上树冠顶，你的经验和知识够用吗？在你去之前还真应该具备这方面的技能。

现代的科学家和地理学者也经常到热带雨林去考察野生动物、了解那个地方的特征，他们用绳子和挽具就能够爬上最高的树顶。这一想法是从登山者那里得到的启发。首先，把一根很结实的绳子的一头绑在箭上，然后把箭射到树枝上，紧紧地卡在树杈间，接上另一根更结实的绳子，拽着绳子就能爬到顶上。为了能在两棵树之间自由走动，他们在距地面100多米的高空中搭建较轻的金属板和梯子（可能会有一些摇晃，但你很快就能适应），这种感觉就像是晚饭后在30层楼上散步一样，很奇妙吧？

　　你也可以坐上热气球，或是用起重机的长臂吊一个笼子把自己送到树顶上。

像坐沙发一样舒服，真棒！

要是你觉得上面所说的都挺麻烦的，那就只好随身带一把舒适的椅子了，懒人都这么干，你当然也可以。

上到树顶后是不是感觉有些头晕？那就不要往下看。实在不行，你也可以买一个雷达或卫星来观察树顶，这样你就可以待在地上不动了。

热带雨林小知识

美国探险家埃里克·哈森在探险时曾经坐过热气球。20世纪80年代，他在婆罗洲的丛林里待过几个月，在那里考察了地图上都没有标出的几个地方，他只带了一个床单、几身衣服和一些用于交易的东西，靠双脚和一只小船就完成了旅行，就是这么简单的装备到现在也都够用。后来他被当地人误认为是传说中的一种能够杀人吸血的森林鬼怪，因而遭遇到了很多麻烦，于是他以特别快的速度逃出了森林。

值得高兴的是，目前仍然有很多热带雨林供像你这样的初级探险者去探险；让人悲哀的是，这些热带雨林面积都不像以前那么大了，因为全世界的雨林都在以惊人的速度被砍伐或焚烧掉。所以，如果你打算旅行，还可以带上溜冰鞋，那里已经特别平坦了。

面对利斧

以前的热带雨林比现在的要大得多，注意我是说"大得多"，而不只是大一丁点儿，它们曾经覆盖了地球表面1/3的面积，而如今只剩下不到1/6，那些珍贵的雨林正在一点一点地被砍倒，这的确让人感到很悲哀，可以说，热带雨林现在处在极度危险中。这又该怪谁呢？当然应该怪我们——可怕的人类。人类正在疯狂压迫那些脆弱的森林，而它们却不能做出丝毫的反抗，一旦森林被完全践踏，那就再也没有了，因为它们是不可再生的。那么为什么森林里常常会冒烟呢？现在我们就派芬去探寻这个问题的根源……

森林化为乌有

请问森林里到底发生什么事了？

大片的树林正在被砍掉，一些树木已经化为灰烬，成千上万种珍贵的植物和动物都处于水深火热之中，很多推土机正在开进森林……

噢，天啊，这种事是不是发生得很快？

是的，可是那些可恨的地理学者们并不知道森林消失得有多快，他们总以为砍点树没什么，这个速度其实是非常惊人的。一些专家预测说，每过一分钟就有一片60个足球场大小的森林被砍伐，相当于每年损失一个瑞士，换句话说，当你阅读完这一页时，可能就有40 000棵森林大树变成了别的东西了。

按照这种速度，雨林还能坚持多久？

很快就会被完全毁掉。一些地理学家认为，再过30—50年，地球上就可能再也没有雨林了。这个时间对你来说听起来很长，可是对那些自古以来就生存在这个地球上的雨林来说就意味着从此绝迹，毕竟它们在这个世界上已经生存了几百万年。一些热带岛屿如马达加斯加和菲律宾，90%的森林都已经毁了，亚洲和非洲的森林已经所剩无几了。

104

▶ **砍 伐**。大约有一半的树木被砍掉用于木材交易，你知道，一些很珍贵的树木如红木价值几千英镑，它们被卖给那些富国的人们制作高档家具、门窗、厕所坐便器、棺材和筷子，而且那些用于伐树的重型机械往往要轧死方圆几公里的树，这些树都白白浪费掉了。

▶ **开金矿**。一些森林蕴涵着丰富的贵重金属和宝石资源，如黄金、白银、钻石等，那些贪婪的人们急不可待地

想致富，但是他们采矿所用的化学物质严重污染着森林里的河流，鱼和植物都不可避免地遭殃了，更不要说那些喝河水的人了。更为糟糕的是，采矿者为了把采到的东西运出去，把那些笨重的机器运进来，还在森林中修起了条条大路，这样就又毁掉了大片的森林。

▶ *种庄稼*。越来越多的人们走出喧嚣的城市，进入到宁静的丛林中，他们在那里开垦土地，盖起了房子，种上了庄稼，因此而砍掉了大片的树。可是丛林的土地非常贫瘠，土壤中的精华部分很快就会用光，不得已这些人们还得搬迁到另外一个地方重新开始，从而又毁掉一片树林。当地人偶尔也会开垦土地，但是所占用的面积特别小，而且下次开垦前会留出充足的时间让树林得到恢复。可是这么多的外来人口一起来开垦，森林就承受不了这么重的负担了。

▶ *放牧*。下次你吃美味的汉堡时，你就应该想一想，汉堡里的肉是从哪里来的？其中有一部分来自遥远的南美洲的热带雨林里。那里每年都有大片的森林被清除掉，目的就是为了养牛，这些牛长成后就会被卖掉供人们食用，实际上这是间接地把森林变成了快餐。问题是，牛们吃的草会跟树木争夺仅有的一点营养，如果营养不够树就会干枯而死，草也活不长，这样牲畜就得迁移，继续到别处危害森林。

嗯，我知道了，可是如果有一天森林真的消失了，会有什么影响吗？

肯定会有影响的。如果森林真的从地球上消失，那么它所拥有的植物和动物也会随着灭绝，它们有的被杀掉，有的失去赖以生存的家园。专家们认为，每周至少都有100种动植物从地球上绝迹，这种绝迹还将继续下去，一旦毁灭，就再也不可能重生。在濒临灭绝的动物里头，有一种非常漂亮的斯彼克思金刚鹦鹉（就是个头比较大的鹦鹉），目前世界上野生的仅剩一只（其他40只在动物园里），它孤独地生活在这个世界上，冷静地观察着世事变幻，不知道哪天连它也会离我们而去。鹦鹉还常常被人们抓起来当宠物卖掉，这虽然违反法律，但却很难禁止。其他一些处在危险中的动物还有猩猩、美洲豹、鸟翅蝶等，而且濒危动物名单还在继续扩大。

这还仅仅是个开始，更恶劣的影响还会接着产生。下面六种东西就是森林绝迹后你也不能再拥有的（你是不是不知道它们最初来自森林？）：

1. 巴西果。这些原来只有在节日才能吃上的东西原来就产自热带雨林，吃这些东西时要小心牙齿，因为它们特别坚硬。它们生长在大豆荚里，壳很硬。你还能从森林中得到香蕉、菠萝、橘子和柠檬等。

2. 巧克力。美味的巧克力是用生长在热带雨林里的可可树上的可可豆制成的，你知道你在圣诞节收到的币状巧克力豆和用这些闪着微光的豆编成的书包吗？150年前墨西哥人还真把可可豆当货币用呢。

3. 口香糖。你还不知道口香糖原来是长在树上的吧？确实如此，它是用森林里的奇可树的树液做的，你只需用刀把树皮割开，树液就能缓缓流出，把这些树液煮开，直到变得非常黏稠，然后把它做成块状，最后再加上薄荷和水果味，就成了口香糖了。

4. 香草冰淇淋。你可能吃过冰淇淋，但却没吃过香草味的，它是用一种晒干的兰花荚做成的。除香草外，森林中还有其他很多种调味品，如青椒、姜等。

5. 家养植物。给你妈妈最喜欢的盆栽植物浇点水，然后仔细地欣赏一番，而这盆植物可能就是雨林植物。干酪植物、橡胶植物、非洲紫罗兰以及金莲花等都可家养观赏，但它们最初都是丛林的野生产物。

6. 解藤制家具。藤蔓常用来做篮子、席子以及藤椅等，这些东西的原料就是森林里的藤本植物，它原名叫藤条，又叫"等一会"植物，因为一旦藤条上的小条缠在你的身上，你得花一点时间挣脱它的缠绕。当地人还用藤条的小条做牙刷。

神奇的药物

巴西果、巧克力和冰淇淋虽然都很好吃，可没有它你也照样过日子，而另外一些雨林植物则可能挽救一个人的生命。在目前所有药品中，约有四分之一是从热带雨林植物中提取的。科学家们认为，还有大量的能够救命的植物等待人们去发现，这些植物能够治愈致命的疾病如癌症和艾滋病。

当然，当地人已经利用这些不可思议的药物好多年了。科学家希望能够找出这些植物更多的用途，从而挽救森林。那你是会使用森林植物的医生吗？看看下面疾病的症状，选出一种正确的植物来治疗，其中有一些植物是剧毒物，如果使用不当就会置人于死地，但小剂量的使用却非常有效。你可以问问专家看该如何正确使用。下面就请叶医生回答一下。

病症：

1. 发烧，出汗，浑身疼痛
2. 致命的血液病
3. 高血压
4. 骨头和关节僵硬、疼痛

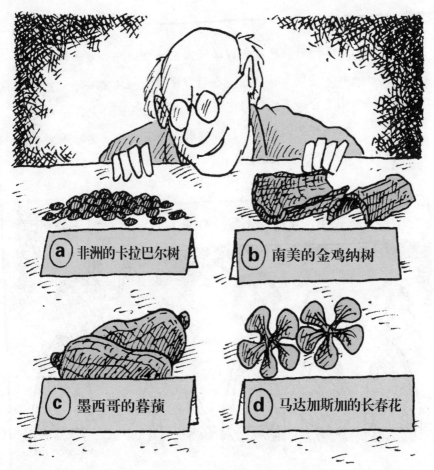

a 非洲的卡拉巴尔树

b 南美的金鸡纳树

c 墨西哥的暮荷

d 马达加斯加的长春花

答案

1. b)。金鸡纳树皮含有一种叫奎宁的药物，用这种树皮做成的药可以治疗疟疾，这种疾病通常由蚊子传播，每年夺走几百万人的生命。

2. d)。这种小植物含有一种特定的化学成分，可以用来治疗白血病（一种血癌），它已经挽救了几千条人命。最早被发现是在20世纪50年代（当然当地人早就了解它了）。

111

3. a）。这种树的果实能够降低血压，可以治疗青光眼（一种能致盲的眼病）。但是在非洲，人们习惯用它来决定一个人是否有罪，嫌疑人吃了它如果能够活下来，就被认为是无辜的。这听起来很简单，是吧？可是你知道吗，这种果实含有剧毒，实际上不管你是不是有罪，吃下去的人都会死。

无罪，无罪，无罪，有罪……

4. c）。暮蓣看起来有点像土豆，用它做的药能够治疗骨头和关节病，如关节炎、风湿病。当然用它制药要特别小心，如果剂量大了就可能有毒。

危险中的人们

如果你上学迟到或是没做家庭作业，妈妈就会抱怨你，顶多打你一顿，你还是可以吃饭可以睡觉。

可是森林居民就没有你这么幸运了，因为森林就是他们的一切——有了森林就有了家、食物和生活用品，失去了森林他们就会一无所有。

现在讲讲本南人的悲惨生活。几百年以来他们一直居住在婆罗洲岛；他们的传统是从一个地方迁移到另一个地方，为的是寻找可以猎杀的动物和可吃的食物；他们相信，森林是神圣不可侵犯的，人们必须高度崇拜它，他们是森林的一部分，森林也是他们的一部分，两者相互融合不可分离。但是现在，森林被大量砍伐，他们的生活从此不再安宁。许多人被迫离开森林，在遥远的地方永久安家，这对习惯了游牧生活的本南人来说，无异于坐牢一样。于是他们奋起反抗以保护自己

的家园，可那些凶恶的伐木者却把他们送去坐牢，或者罚他们的款，而且由于外来者入侵带来很多疾病，很多人都染上了疟疾和流感，因为得不到救治而悲惨地死去。对本南人和其他一些有相似遭遇的人们来说，未来的天空充满了阴霾。

113

可怕的天气警报

科学家们说，大量砍伐森林正在导致世界气候恶化，因为被砍倒的树木会释放出大量的二氧化碳（汽车和工厂也都排放这种气体）。

这些有害气体会围绕地球形成一层厚厚的大气层，就像一张大毛毯，它会大量吸收太阳散发的热量，使地球温度升高，全球变暖，变得特别热，像个火炉一样。

如果地球温度过高，就能导致风暴气候。这还不算完，它还能导致南北两极的冰川消融，引起海平面上升，灾难就会降临到海边居民的头上……

救命啊！

洪水泛滥是另一个恶果。森林就像一个巨大的海绵，就像你用海绵洗澡一样，它总能吸收很多水分。同样的道理，森林通过根系和叶子，能够吸收雨水，而且根系能够使松软的土地变得结实，避免水土流失。如果树木全被砍掉，就没有东西吸收雨水了。雨水大量地冲向河流，河流一时又容纳不下这么多的雨水，就形成洪水，呼啸的洪水会冲走整个村庄，冲垮山坡，导致人畜大量死亡。一旦形成洪水，人类就没有办法制止了。

　　是不是特别恐怖？难道这都是命中注定不可改变的吗？为了回答这个问题，请你看一看人们为挽救森林所做的努力……

未来会怎样？

　　如果人们再不采取措施挽救森林，它就会真的从地球上消失。令人欣慰的是，一些保护组织、政府和当地居民都在为制止森林的毁灭而努力着。可是说起来容易做起来难，雨林大都生长在贫穷的、人口密集的国家，很多闹市中的人被迫进入森林寻找足够的生存空间。富国的人们用大量穷人急需的金钱换取树木和其他森林物产，这使得人们见利忘义，疯狂砍树。下面是人们正在努力做的一些事。

　　1. 建立国家森林公园　在这里树木被保护起来，砍伐和采矿都是严厉禁止的。在20世纪70年代，巴拿马的昆纳族人为了保护传统文化和森林野生动植物，建立起了自己的保护区，科学家或是游客如果想参观必须付费，其他人一概不许进入。非洲喀麦隆的科拉国家森林公园也于20世纪80年代建立起来，这对生活在那里的几百只类人猿、猴子和几千棵珍稀植物起到了很好的保护作用，当地人可以在公园附近打猎捕鱼，但绝对不能进入公园里从事这些活动。

2. 植树　很多雨林居民都用树做柴，他们烧树来做饭烧水，给森林也造成了极大的破坏。虽然种新树并不能代替原始树木（那可是经过几千年才长成的树啊），但是毕竟能够在一定程度上给予弥补。在巴西，科学家们正忙着播撒几百万颗热带雨林种子，想借此修复已经造成的破坏。他们飞过雨林的上空，扔下装有种子的小胶球，这样能对种子起到保护作用。聪明吧？

3. 度假募捐　如果你想度假，你可以到中部非洲的热带雨林去看一看猩猩，这可是地球上最为稀少的动物哟。你需要多存一点钱——这是非常值得的，可能你的这些钱很是微不足道，但你可以为保留一片完整的雨林作出微薄的贡献。你辛辛苦苦挣来的那些钱能够帮助保护类人猿的森林家园，也能帮助当地居民。如果在度假时你不留下一点垃圾，并且热爱森林，你将是一个特别受欢迎的人。

4. 制造森林芳香 人们正在探索各种方法，以便既能充分利用森林资源，又不对森林造成破坏。你想为保护森林出一份力吗？那你还会在圣诞节时去买一棵真的圣诞树吗？你是否可以送给妈妈一瓶美丽的、可爱的、芳香的……森林香料呢？

森林香料

沁人心脾的森林芳香

从我们提供的全新的时尚森林香料中选择一种送给妈妈

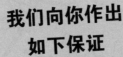

**我们向你作出
如下保证**

这些浓烈的气味是我们从雨林植物和花中严格挑选出来的，绝对是以前从来没有人闻过的，都是特别珍稀的植物品种。不用担心它们会有什么毒副作用，我们能够保证手中的东西都是安全的。我们采用最新的技术把它们封在玻璃瓶里，然后把里面抽成真空，甚至连它们本身的香味也给抽干了。放心吧，就连胎儿闻了也不会有什么害处。

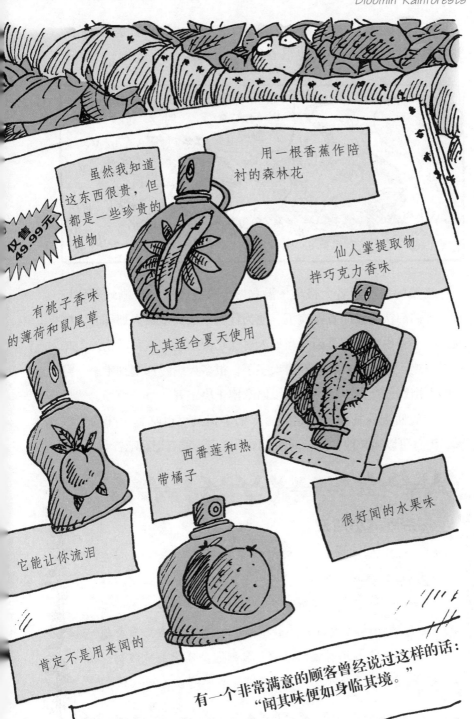

仅售 49.99元

虽然我知道这东西很贵，但都是一些珍贵的植物

用一根香蕉作陪衬的森林花

仙人掌提取物拌巧克力香味

有桃子香味的薄荷和鼠尾草

尤其适合夏天使用

西番莲和热带橘子

很好闻的水果味

它能让你流泪

肯定不是用来闻的

有一个非常满意的顾客曾经说过这样的话："闻其味便如身临其境。"

5. 养殖大蜥蜴　没错，就是大蜥蜴。大蜥蜴就是常常在森林里爬动的长蜥蜴，同时也很适合人工养殖。

当德国地理学者大格玛·温拿博士决定建立一个蜥蜴养殖场时，人们都认为他简直是疯了。他为什么不像大多数人那样养一些烦人的羊和牛呢？那是因为当地人喜欢吃大蜥蜴（这种动物的肉味有点像鸡），可是森林被毁得太多了，很多大蜥蜴都遭到猎杀，野生的大蜥蜴已经很少见了，所以温拿博士决定开一个养殖场，然后把它们放回到森林中去。这样，人们不但又可以吃到美味的蜥蜴肉，而且可以唤起他们保护动物家园的意识。很有创意吧？

热带雨林小知识

　　假如你的住处附近没有热带雨林，那你为什么不在室内种一些热带雨林植物呢？英国康瓦尔的科学家们就正在努力尝试这种做法，他们建造了一个特别巨大的温室（相当于4个足球场大，约有60米高），在里面种植了10 000多种珍稀雨林植物，包括一些高大的橡胶树。游客们能够乘坐小火车在此观赏，你也可以去看一下。

前景还会光明吗?

问题的关键是，人们所做的这些努力会真正奏效吗？科学家们是不是在打一场注定要失败的仗呢？没有人能够给出一个确定的答案。我们只能祈盼这些不幸的时光快快过去，不再发生残害森林的事情。如果从现在做起，我们都不再毁坏雨林，那么它们还是有可能再生的，只不过要等上几千年。我们，包括我们的后代都很难看见这一令人兴奋的时刻。即使获得重生，它们也不可能完全还原了。一个最好的方法就是，在还没有将雨林灭绝以前，说服人们保护森林，让他们懂得，森林对于人类来说是多么宝贵、多么重要。运用从本书学到的知识，你应该大力宣传保护森林的重要性，让你认识的人、认识你的人都行动起来，加入到保护森林的行列中来。最好先从你的地理老师入手，只要她不再回到她原来生活的那个"乌团"星球上去，只要她还生活在我们共同的地球上。

如果你还想了解更多的热带雨林知识，下面一些网站你可以去看一看。

www.foe.co.uk

这个网站是英国的地球之友网站，网站上有一些濒危的栖息地信息，包括热带雨林。

www.rainforestfoundationuk.org

该网站上有很多关于热带雨林的信息，你可以从中找出一些保护雨林的办法。

www.forests.org

它叫热带雨林信息中心网，全是关于热带雨林和其他一些森林类型的资讯。

www.ran.org

它叫热带雨林行动网，网站的宗旨是支持雨林居民，保护热带雨林。

www.survival.org.uk

它叫生存国际网。"生存"是一个世界性组织，它的目的在于帮助雨林当地居民保护自己的家园和土地，联系他们你可以得到一个很棒的包裹叫"我们就是世界"，里面有关于雅诺玛米人和非洲巴卡人（都是热带雨林居民）的信息。

"经典科学"系列（26册）

肚子里的恶心事儿
丑陋的虫子
显微镜下的怪物
动物惊奇
植物的咒语
臭屁的大脑
神奇的肢体碎片
身体使用手册
杀人疾病全记录
进化之谜
时间揭秘
触电惊魂
力的惊险故事
声音的魔力
神秘莫测的光
能量怪物
化学也疯狂
受苦受难的科学家
改变世界的科学实验
魔鬼头脑训练营
"末日"来临
鏖战飞行
目瞪口呆话发明
动物的狩猎绝招
恐怖的实验
致命毒药

"经典数学"系列（12册）

要命的数学
特别要命的数学
绝望的分数
你真的会＋－×÷吗
数字——破解万物的钥匙
逃不出的怪圈——圆和其他图形
寻找你的幸运星——概率的秘密
测来测去——长度、面积和体积
数学头脑训练营
玩转几何
代数任我行
超级公式

"科学新知"系列（17册）

破案术大全
墓室里的秘密
密码全攻略
外星人的疯狂旅行
魔术全揭秘
超级建筑
超能电脑
电影特技魔法秀
街上流行机器人
美妙的电影
我为音乐狂
巧克力秘闻
神奇的互联网
太空旅行记
消逝的恐龙
艺术家的魔法秀
不为人知的奥运故事

"自然探秘"系列（12册）

惊险南北极
地震了！快跑！
发威的火山
愤怒的河流
绝顶探险
杀人风暴
死亡沙漠
无情的海洋
雨林深处
勇敢者大冒险
鬼怪之湖
荒野之岛

"体验课堂"系列（4册）

体验丛林
体验沙漠
体验鲨鱼
体验宇宙

"中国特辑"系列（1册）

谁来拯救地球